どうするALPS処理水？
アルプス

科学と社会の両面からの提言

岩井　孝・大森　真・児玉一八・小松理虔・
鈴木達治郎・野口邦和・濱田武士・半杭真一

カバー写真は小松理虔氏撮影

はじめに
― この本で伝えたいこと ―

　福島第一原発の構内にたまり続けている多核種除去装置（ALPS）処理水が、海水で希釈された後に 2023 年 8 月 24 日から海洋に放出されている。事故直後から発生し続けている汚染水は、当初の 1 日約 400 トン（t）から約 100 t に減っているとはいえ、現在もたまり続けている。そのため、処理水の海洋放出は今後、30 年以上にわたって続いていく。すなわち、海洋放出の開始によって問題が解決したのではなく、これから長く続く汚染水対策の端緒に就いたにすぎない。

　ALPS 処理水の海洋放出は、放射性物質のリスクをどう考えるか、放出が被災地の福島県にどんな影響を与えるのか、といったことについて議論が行われて一致点が形成されるべき課題であった。ところが、残念ながらそのような議論と合意形成はきわめて不十分で、放出賛成と反対が大きく対立したまま放出開始の日を迎えてしまった。

　本来、このような問題は、必要な情報がじゅうぶんに行きわたり、判断するために必要な知識を多くの人が持っていて、忌憚（きたん）ない議論ができる状況ができていれば、多くの人が納得して合意できる一致点ができると考えられる。ところが今回は（今回も？）、そういった一致点は今のところできていない。それだけではなく、問題の解決とは逆行するような状況も生まれている。

　ALPS 処理水の海洋放出が明らかにしたことは、福島第一原発事故が起こしたさまざまな問題には、科学・技術的な判断（科学・技術的側面）だけではなくて、社会が構成される中で生じるさまざまな問題をどう解決するか（社会的な側面）、という視点が必要だということである。

　日本に住む私たちは、福島第一原発事故後という時代に生きている。残念ながら事故は起きてしまった、すなわち「パンドラの箱」は開いてしまったのだから、その前に戻ることはできない。したがって、事故が起こした問題を一つひとつ解決しながら、廃炉という長い時間を要する「闘い」を進めていく以外

に道はないといえよう。

ALPS処理水をめぐって起きた事態は、福島第一原発事故によって甚大な被害を被った福島県の方々の苦難を、解決へと向かう道から逆戻りさせてしまった。処理水問題を解決するために最も適切な道すじを見出すことは、被災地の今後を少しでも良くしていくことにつながる。そのために多くの国民が、肝を据えてこの問題について議論しなければならないと考える。

そしてその議論は、「（原発への賛成・反対などさまざまな立場を超えて）腹を割って真剣に議論し、自分の考えも十分に述べた」「だから結論は自分の最初の思いとは若干違っているかもしれないが、みんなで議論して決めたのだから、その結論を尊重する」というところまで到達する必要があろう。なぜなら、そこまでたどり着くことができなかったら、考えが大きく分かれる問題での一致点など作れるはずがないからである。そうするためには、「ほかのことでは意見が違っていたとしても、目の前にある問題については得られた結論で手を握れる」という議論ができる環境がなければならない。

本書では、このような視点からさまざまな分野の執筆者が、ALPS処理水に関する問題を科学・技術的側面と社会的な側面から分析し、これをどう解決していけばいいかという代替案を提案している。

この本の内容をざっと紹介したい。

第1章は「ALPS処理水とトリチウムの基礎知識」である。

第1節では、今後30年以上にわたって続くALPS処理水の海洋放出を考えるための基礎知識として、高レベル滞留水が処理水になるまでの流れ、トリチウムがどんな物質であるか、排水に含まれる放射性核種の法令上の規制について説明する。その上で海洋放出する際の3つの点検基準を提案し、これがすべて満たされない限り、海洋放出は行うべきでないと述べている。

第2節では、環境中での1960年代以降のトリチウム濃度の変化、トリチウムの被曝と生物への影響、トリチウムを含む物質の体内での挙動について詳しく説明し、トリチウムが生物濃縮するか否かを解き明かしている。最後に、ALPS処理水の海洋放出に看過できないリスクがあるかどうかを検討する。

第2章は「なぜ漁業者は処理水の海洋放出を認めないのか」である。

この章ではまず、漁業者がなぜ海洋放出に強い抵抗感を持つのかを述べてい

る。そして、政府は海洋放出の時期を決めて「理解」を漁業者に迫り、抵抗するのは「国益に反する」と圧力をかけて追い込んできたこと、海洋放出が理論的に安全だとしても、漁業者にはそれが正しく運用されるか懸念があること、その理由に国・東電への不信があることを書いている。福島県漁業の現状については、風評被害によって回復できていないのではなく、原発事故の影響が今なお続いているのであって、国がそれに向き合ってこなかったと指摘している。さらに、処理水の海洋放出を国策として進めるならば、社会に亀裂を発生させない政治の責任があるはずなのに、それをやらずに「漁業者に決めさせる」構図を作って責任を回避したと述べ、廃炉と国家の関係のあり方も問うている。

　第3章は「福島県民は海洋放出をどう受け止めたか」を、福島県出身の3人が論じている。

　第1節では福島県のローカルテレビ局で、甲状腺がんとトリチウムが最後まで残る問題と認識し、「あれだけの不幸に見舞われた被災地の未来がこれ以上悪くならずに、今より少しずつでも良いものになるように」の姿勢で報道に取り組んだことについて書いている。さらに、この視点から原発事故後の報道などを分析して、ALPS処理水の海洋放出について政府はボタンを掛け違えていたのではないかと述べ、情報の開示とその監視が何より重要だと指摘する。

　第2節では農業研究者の立場から、福島県農業をめぐる状況と課題、試験研究機関で自らが取り込んだことを紹介し、東電原発事故後に「風評はあったと思うか」と質問されたことへの考えを述べている。次に海洋放出に関して、福島県民は放射性物質や食品の検査結果をよく知っていること、放出をめぐる合意形成で福島県内外にギャップがあることが筆者の研究で明らかになり、合意を形成していくためには「理解」が重要であると書いている。

　第3節では海洋調査「うみラボ」を行った経験から、市井の言葉で語る・人間の認識メカニズムを踏まえる・測定と食べて「美味しい」「楽しい」のミックスが重要だったこと、処理水放出についても科学的根拠だけでは不十分であることを論じている。次に沿岸漁業をめぐる現状と処理水放出の受け止め、政治の関与の不足・当事者の限定などの進め方をめぐる問題点を述べて、県民を分断するトリチウムは首都圏で消費される電気の副産物であり、その処理をめぐる分断まで福島県民が引き受けるというのはあまりにも酷だと指摘する。

　第4章は「汚染水対策は事故機の廃炉とも密接に関係する」である。

福島第一原発事故機の廃炉を進めるには汚染水対策、とりわけ地下水の流入を止めて汚染水の増量を食い止めるのを最優先で行う必要があり、そのために地下ダムと上部構造物の設置を提案している。次に政府が進めている廃炉作業の状況について細かに分析し、燃料デブリの全量回収と建屋の撤去をもって廃炉完了とするのはきわめて困難であり、事故機の上部を堅固な構造物で覆う「墓地方式」で長期保管監視を行う方法に替えれば、増加し続ける処理水の問題も早期に解決の方向に転換できると書いている。

　第5章は「政治の責任をどう果たしていくか——安心と信頼が得られなければならない」である。

　ここではまず、処理水の処分は前例のない複雑で困難な作業であり、作業のもたらすリスクを最小にすることが何よりも重要と述べている。次に、原発事故後の大量の汚染水発生から放出の方針が決められるまでの過程を紹介した上で、国と東電が「科学的根拠に基づく説明」で理解を進めるとしてきたことが、科学的に見て十分だったかを検証する。さらに、海洋放出の決定プロセスについて分析し、廃炉全体にも関わる問題でもある海洋放出に関して、関係者との信頼を回復していくための3つの具体的な提案を行っている。

　第6章では、第1〜5章の記述をふまえて、それぞれの執筆者が処理水問題の解決に向けて、科学・技術的な側面、社会的な側面から代替案を提案している。

　本書がALPS処理水の海洋放出問題について、被災地である福島県の方々と多くの国民が、納得して合意できる一致点を作ることに少しでも寄与できればと考えています。

（児玉　一八）

（付記）項目ごとに執筆者名を記し、内容については各執筆者が責任を負います。

第1章
ALPS処理水とトリチウムの基礎知識

第1節　ALPS処理水の基礎知識

　ALPSは"Advanced Liquid Processing System"の略語で、「アルプス」と読む。直訳すると「新型液体処理設備」となり、和名の「多核種除去設備」と大分かけ離れている。このような英名をあてがった経緯は知らないが、和名から明らかなように、水溶液中に存在するさまざまな核種を取り除いて浄化する設備がALPSである。さまざまな核種を取り除くといったが、ひとつだけ取り除けないものがある。それは水素の同位体であるトリチウム（水素3、^{3}HまたはTと表記）である。

　セシウム（Cs）やストロンチウム（Sr）のように水に溶けているなら、たとえば沈殿法、溶媒抽出法、イオン交換法などの分離法により水から取り除くことができる。その実績は十分すぎるほどある。しかし、トリチウムは水に溶けているのではなく、水分子（HTO）として存在する。水分子として存在するものを水から取り除くことはできない。

　2023年9月時点におけるALPS処理水の平均トリチウム濃度はおよそ60万ベクレル/リットル（Bq/L[*1]）であり、歴とした汚染水である。ALPS処理水をトリチウム濃度が1500 Bq/L未満になるまで海水で希釈した水の海洋放出が2023年8月から福島第一原子力発電所（以下、福島第一原発）で始まったが、海洋放出する水を敢えて「汚染水」と呼ぶ合理的理由はない。なぜならトリチウムの排水中の法定濃度限度（以下、告示濃度）は6万Bq/Lであり、告示濃度以下であれば、合法的にそのまま外部環境に排出できるからである。また、世界保健機関（WHO）は、トリチウムの飲料水ガイダンスレベルを1万Bq/Lと定めている[*2]。この点も鑑みれば、告示濃度の1/40に相当する1500 Bq/L未満の水を汚染

水と呼ぶことを筆者は推奨しない。このような呼び方は風評被害の拡大にもつながる。

　ALPS処理水の海洋放出開始後の8月末〜9月に実施された全国世論調査結果によれば[*3]、海洋放出を始めたことを「評価する」は66％（朝日新聞）、57％（読売新聞）、49％（毎日新聞）、「評価しない」は28％（朝日）、32％（読売）、29％（毎日）であり、いずれも「評価する」が「評価しない」を大きく上回っている。毎日新聞が海洋放出についての政府と東京電力の説明が十分であるか否かを尋ねたところ、「不十分だ」が60％、「十分だ」が26％であった。設問が少し異なるが、海洋放出した政府判断について尋ねた日本経済新聞とテレビ東京の合同世論調査結果によれば[*4]、「理解できる」は67％、「理解できない」は25％であった。また、風評被害が懸念される福島県産などの水産物について尋ねた産経新聞とFNN（フジニュースネット）の合同世論調査結果によれば[*5]、「安心」31.8％、「どちらかと言えば安心」45.6％、「どちらかと言えば不安」15.0％、「不安」5.9％であった。

　要約すると、国民の5〜7割がALPS処理水の海洋放出を評価しているが、3割は評価していないこと。国民の6割が政府と東電の海洋放出についての説明を不十分だと考えていること。福島県産などの水産物を国民の8割が安心、2割が不安に感じていることになる。

　ALPS処理水の海洋放出は、今後30年間以上にわたって続くという。ALPS処理水をめぐる議論が喧しくなっている今日、この問題をどう考えたらよいか。本節では、そのための基礎知識を提供する。

(1) 高レベル滞留水がALPS処理水になるまでの流れ

　図1-1-1は、福島第一原発の原子炉建屋地下に存在する高レベル滞流水がどのように処理され、ALPS処理水になるかを示したフローチャート（流れ図）である。実際はもっと煩雑であるが、枝葉を切り落とした幹の部分が図1-1-1である。実は、フローチャート自体も事故後の経過年により刻々と変化している。実例をあげると、2014年頃まで、淡水処理装置により生じた濃縮水をフランジ型（ボルト締め）タンクに貯留していた。フランジ型タンクはフランジ継ぎ目部からの漏洩リスクが高く、結果として漏洩トラブルが相次いだ。当時、福島

第一原発で頻発する貯留タンクからの漏洩トラブルが大きく報道されたから、記憶している人も多いだろう。濃縮水をタンクに貯留する際にもっとも大切なことは何か。

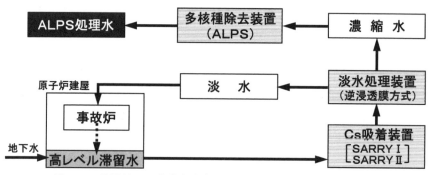

図1-1-1　建屋地下の高濃度滞流水の処理の状況（2023年11月現在）

　それは危険性が高くかつ放射能濃度の高いストロンチウム90（^{90}Sr）の漏洩防止である。そこで濃縮水中の^{90}Srを取り除くため、モバイル型Sr吸着装置が2014 ～ 2016年に導入・運用された。その後、フランジ型タンクの漏洩箇所である底板フランジ継ぎ目部が改良され、さらにフランジ型タンクから信頼性が高く漏洩リスクの低い溶接型タンクに切り替えられたため、モバイル型Sr吸着装置の運用は終了した。図1-1-1は、あくまでも2023年11月時点における高レベル滞流水の処理の流れを表わすフローチャートであるから、モバイル型Sr吸着装置は除かれている。また、事故直後には1 ～ 4号機の原子炉建屋地下とタービン建屋地下に計約10万トン（t）の高レベル滞流水が存在していたが、現在はタービン建屋地下に高レベル滞流水は存在していない。原子炉建屋地下に約3200 t が存在する（2023年11月16日現在）のみである。そのため、タービン建屋もフローチャートから除かれている。

　図1-1-1をもとに、高レベル滞流水の処理の流れを見ていこう。原子炉建屋地下に存在する高レベル滞流水は、ポンプでセシウム（Cs）吸着装置に移送され、主に放射性Csが取り除かれる。Cs吸着装置として当初は米国キュリオン製のKURION（第一Cs吸着装置＝KURION）と東芝製のSARRY（第二Cs吸着装置＝SARRY I）が導入・運用されたが、現在はもっぱらSARRY（SARRY I と

第三Cs吸着装置＝SARRY II）が運用されている。KURIONは待機状態にあり、SARRYが停止した場合に限って運用されるという。いずれにせよCs吸着装置により放射性Cs濃度は、もとの数万分の1に低下する。

　Cs吸着装置出口水は、ポンプにより淡水処理装置に移送される。建屋地下に存在する高レベル滞留水は、2011年3月11日の大津波により海水が大量に混入し、塩分濃度が非常に高かった。そのため淡水処理装置が導入・運用されたのである。淡水処理法は逆浸透膜（RO膜）方式であるが、紙幅の都合により説明は省略する。淡水処理装置により約4割が淡水、約6割が塩分濃度の高い濃縮水（または濃縮塩水）となる。Cs吸着装置出口水中の放射性核種の多く（トリチウムを除く）は濃縮水の方に移行するが、淡水中にも放射性核種は一部移行する。淡水は事故機炉心の循環冷却に利用されるが、炉心溶融事故の結果として原子炉容器と格納容器の底部がともに損傷しているため、冷却水は原子炉容器底部と格納容器底部を貫通して原子炉建屋地下に存在する高レベル滞留水に混入し、全体として高レベル滞留水となる。

　濃縮水はポンプによりALPSに移送され、62種類の放射性核種（トリチウムを除く）を除去して告示濃度比総和が1未満（個々の核種濃度の告示濃度に対する比の和を告示濃度比総和といい、これが1を超えないことが法令上の排出条件である）になるよう浄化される。ALPSは東芝と日立によりそれぞれ開発・導入された。2013年3月に最初に導入・運用されたのは東芝製ALPSで、「既設ALPS」と呼ばれている。1日当り1系統で250t、3系統で計750t浄化できる。しかし、導入から1年間以上トラブル続きで、稼働率は非常に低かった。加えて、コバルト60（^{60}Co）、ルテニウム106（^{106}Ru）、ヨウ素129（^{129}I）、アンチモン125（^{125}Sb）等の除去性能不足も確認された。[*6]

　これらの核種の除去性能改善のため吸着材を変更、吸着塔を増やしたのが2014年9月に導入・運用された東芝製ALPSで、これは「増設ALPS」と呼ばれている。当然、既設ALPSも同様に改善された。増設ALPSの処理能力は、系統数を含め既設ALPSと同じである。貯留タンクに保管する濃縮水の浄化を急ぐため、2014年10月には日立製ALPSも導入・運用された。これは「高性能ALPS」と呼ばれ、1日当り500t（2022年に400tの仕様に変更）浄化できる。2014年秋以降、3種類のALPSを運用することにより、濃縮水の浄化はすすんだ。

表1-1-1　福島第一原発内にある主な汚染水と処理水

	種　　類		水溶液の性状		備　　考
①	建屋地下の滞留水		汚染水		放射能濃度が最も高い
②	Cs吸着装置出口水		汚染水	処理水	Ｃ s 濃度は①の数万分の 1
③	淡水処理装置 出口水	淡　水	汚染水	処理水	体積は入口水の約4割
④		濃縮水	汚染水	処理水	体積は入口水の約6割
⑤	処理途上水		汚染水	処理水	二次処理により浄化する対象
⑥	多核種除去装置出口水		汚染水	処理水	ALPS処理水

　日本国内の多くのメディアはALPS処理水を「汚染水」または「処理水」と呼んでいるが、筆者はこのような呼び方を推奨しない。その理由は、表1-1-1に示すように福島第一原発内にはさまざまな汚染水や処理水があるからである。単に「汚染水」という呼び方では、表中の①～⑥のどの「汚染水」なのかさっぱり分からない。また、「処理水」という呼び方も同様である。ALPSにより処理した出口水ならば、正確に「ALPS処理水」と呼ぶことを推奨する。表1-1-1から分かるように、ALPS処理水は歴とした汚染水であるから「ALPS処理済汚染水」や「ALPS処理水（汚染水）」、または「汚染水（ALPS処理水）」と呼ぶことに異論はない。しかし、ALPS処理水を希釈してトリチウム濃度が1500 Bq/L未満になった水を「汚染水」と呼ぶことを、筆者は推奨しない。理由は前述したので繰り返さない。

　表中の⑤の「処理途上水」については、少し説明が必要であると思う。ALPS出口水のうち、トリチウムを除く放射性核種の告示濃度比総和が1未満の水が⑥の「ALPS処理水」であり、告示濃度比総和が1以上の水が⑤の「処理途上水」である。前述したように、そもそもALPSは水溶液中の62種類の放射性核種（トリチウムを除く）を除去して排水中の告示濃度比総和が1未満になるよう浄化できる設備として開発・導入されたものである。ALPSが正常に作動し、本来の浄化能力を発揮していれば、処理途上水は生じなかったはずである。しかし、正常に作動しなかった時期と故意に正常に作動させなかった時期があった。東京電力によれば、「正常に作動しなかった」理由は、ALPSの運用開始初期に続発したトラブルと、ALPSの前処理工程のフィルターの不具合等により十分浄化できなかった水がALPS処理水に混入したからである。また、

「故意に正常に作動させなかった」とは穏やかではないが、これは筆者流の表現であり、東京電力が実際にこのように表現しているわけではない。

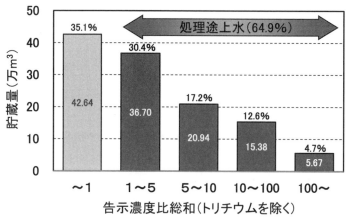

図1-1-2 ALPS処理水と処理途上水の貯蔵量（2023年6月30日現在）

　このような事態に至った理由は、原子力規制委員会の指示に従って福島第一原発の敷地境界における実効線量を年1ミリシーベルト（mSv）未満に低減させるため（法令上の義務）、ALPSの浄化能力の低下を確認しながらもALPSを停止させて吸着材を交換せず、ALPSの運用を優先させたからである[*7.8]。いずれにせよ、こうした理由により処理途上水が生じたのである。

　図1-1-2に、ALPS処理水と処理途上水の貯蔵量（2023年6月30日現在）を示した[*9]。ALPS処理水は図の左端の棒グラフ（全体の35.1％）、残りの棒グラフはすべて処理途上水（同64.9％）である。その名称から分かるように、処理途上水は告示濃度比総和（トリチウムを除く）が1未満になるまでALPS等で浄化される。東京電力はこれを「二次処理」と呼んでいる。

　ALPS処理水の海洋放出に反対する、あるいは中止を求める人たちの一部に、処理途上水を海洋放出するかのごとき主張が散見される。こうした主張は事柄の本質を見誤らせ、問題解決にとって有害無益以外のなにものでもない。事実に基づく建設的な議論をしよう。

⑵ トリチウムはどんな物質で、なぜ冷却水中に存在するのか

① トリチウムとは

　前述したように、トリチウムは水素（H）の同位体のひとつである。原子核が陽子1個、中性子2個、合計3個の粒子で構成されているため、ヨウ素131（^{131}I）やセシウム137（^{137}Cs）などと同様に表記すれば水素3（^{3}H）である。トリチウムの名称は、英名の"Tritium"に由来する。

　水素元素は、水素1（原子核内の中性子が0個）と水素2（同1個）からなる。天然同位体存在比はそれぞれ99.9855％と0.0145％である。天然同位体存在比とは、元素を構成する同位体の天然に存在する比率を原子数割合で表したものである。水素元素の場合、たとえば原子数が100万個あるとすると、水素1が平均99万9855個、水素2が平均145個を占めることを意味する。水素1は「軽水素」（^{1}H）、水素2は「重水素」（^{2}H、または英名の"Deuterium"の頭文字をとってDと表記）と呼ばれることもある。これと同様の呼び方をすると、トリチウムは「三重水素」（^{3}H、またはT）となる。

② 自然起源トリチウム

　トリチウムはごく僅かながら自然界（地球表面付近に限る）に存在する。天然放射性核種の分類でいえば、自然界で起こっている核反応により現在も生成されつつある「天然誘導放射性核種」の仲間である。自然起源トリチウムの場合、水圏や岩石圏でも生成するが、大気圏で宇宙線中性子による核反応で生成する割合が桁違いに多い。そのためトリチウムは天然誘導放射性核種の中の「宇宙線生成放射性核種」と呼ばれることもある。

　自然起源トリチウムは天然同位体存在比で表すと限りなくゼロに近く、その数値も場所により一定しないため、天然同位体存在比が何％などと表記することはしない。むしろトリチウムは安定同位体の水素1や水素2とは異なり、半減期12.32年でベータ壊変する放射性同位体である。そのため、通常は放射能濃度（気体試料ならBq/m^3、液体試料ならBq/LまたはBq/m^3、固体試料ならBq/gまたはBq/kg）で表記される。

　水素1と水素2の天然同位体存在比は地球上のどこでも一定の値であるのに対し、前述したようにトリチウムは地球上の場所によって値が大きく異なる。そ

の理由は半減期が12.32年と相対的に短いからである。同じ宇宙線生成放射性核種の仲間である炭素14（^{14}C）は半減期が5700年と相対的に長いため、あまり減衰することなく地球表面付近の至るところに拡散・移行し、どこでも^{14}Cの比放射能（炭素1グラム（g）当たりの炭素14の放射能）はほぼ一定の値となる。これが炭素14年代測定法の原理になっている。しかし、1950年代以降の大気圏内核実験により大気圏内に注入された大量の人工起源炭素14により地球表面付近が大きく汚染されたため、1950年代以降の環境試料の年代を数千、数万年後の人類が炭素14年代測定法により求めることはできなくなってしまった。この意味でも大気圏内核実験は罪深い行為であった。

　宇宙線生成放射性核種としてのトリチウムの生成場所は、成層圏と呼ばれる地上20 〜 30kmの上空である。主な生成反応は、大気の約78.1％の体積を占める窒素の中の窒素14（^{14}N）と宇宙線中性子との核反応^{14}N（n, t）^{12}Cである[*10]。この他、大気の約20.9％の体積を占める酸素の中の酸素16（^{16}O）と宇宙線中性子との核反応^{16}O（n, t）^{14}Nによっても生成する。

　成層圏で生成したトリチウムの99％は水分子（HTO）となり、水蒸気として対流圏に降下し、地球表面の水循環系に入る。すなわち雨水として地上に降り、地下に浸透し、あるいは河川水となってやがて海に流れ込む。地下水の一部は地上に出てきて河川水となり、上記と同じ経路をたどる。地上に出てくることなく、地下水のまま海に流れ込むものもある。海に出たトリチウム水は水蒸気となって対流圏に入り、再び雨水として地上に降下する。これが地球表面の水循環系である。

　『原子放射線の影響に関する国連科学委員会（UNSCEAR）2000年報告書』付属書Bによれば、地球表面における自然起源トリチウムの生成率は2500個/（m^2·s）である[*11]。これに地球の表面積に相当する約$5.10×10^{14}m^2$を乗じて求められるトリチウムの年間生成放射能量は$7.2×10^{16}$Bqとなる[*11]。この辺りの数値は『UNSCEAR 1977年報告書』以降ほとんど変わらない[*12]。既に環境試料中のトリチウムの測定技術は確立しており、1960年代後半以降の値は十分に信頼できると筆者は考えている。

　前掲『UNSCEAR 2000年報告書』によれば、地球上に存在するトリチウムは$1.275×10^{18}$Bqである[*11]。この値は、1.44×（年間生成放射能量）×（半減期）により求めたもので、地球上での放射能量が平衡状態になっていることが前提

になっている。[13]『UNSCEAR 2000年報告書』は、自然起源トリチウムの対流圏への分配量を0.004、対流圏の体積を3.62275×10^18 m^3と仮定し、対流圏における自然起源トリチウムの放射能濃度を1.4 mBq/m^3としている。[11]『UNSCEAR 1982年報告書』付属書Bによれば、大気圏内核実験が始まる前の自然起源トリチウムの陸水の放射能濃度は200〜900Bq/m^3、海水で約100Bq/m^3であるという。[14]また、自然起源トリチウムの摂取に伴う内部被曝の年実効線量は0.01マイクロシーベルト（μSv）と推定されている。[13]自然放射線源による被曝の全世界平均が2.4ミリシーベルト（mSv）で、このうち内部被曝は1.6mSv、外部被曝は0.8mSvと評価されている。[15]同じ宇宙線生成放射性核種の炭素14の摂取に伴う内部被ばくの年実効線量が12μSvと推定されていることなどを考えると、自然起源トリチウムによる内部被曝は無視できるほど小さい。[13]

③ 福島第一原発の冷却水中のトリチウム

　トリチウムは自然界に存在するという話ばかりでは政府・東京電力関係筋の学者かと要らぬ誤解を招きかねないため、福島第一原発事故との関わりについて述べる。医学・生物学などの研究分野で利用するトリチウムは、RI生産用[16]原子炉でリチウム6原子核に中性子を照射する核反応^{6}Li (n, a) ^{3}Hにより製造する。"a"はアルファ粒子、すなわちヘリウム4（^{4}He）原子核を意味する。

　軽水炉のように核燃料が冷却材である水の中に浸かっている原子炉では、水の中に含まれる重水素原子核が中性子を吸収し、^{2}H (n, γ) ^{3}H 反応によりトリチウムが生成する。ただし、この核反応はターゲット（標的核）となる水素2の天然存在比が0.0145％と非常に小さく、かつ核反応が非常に起こりにくい（核反応断面積が非常に小さい）ため、CANDU炉（キャンドゥ炉、カナダ型重水炉）[17]のような大量の重水を減速材や冷却材に使っている重水炉を除けば、トリチウムの発生源としての寄与は極めて小さい。

　福島第一原発のような沸騰水型軽水炉の冷却水に含まれるトリチウムの最大の発生源は、ウラン235の三体核分裂である。[18]核分裂というと原子核が二つに分裂する状態をイメージしやすいが、実は核分裂の0.2〜0.4％は原子核が三つに分裂する三体核分裂である。[19]Wikipedia（英語版）によれば、三体核分裂により生成する三つの核分裂片のうち最小のものは原子番号1〜18の原子核で、このうち約90％はヘリウム4原子核、約7％はトリチウム原子核（トリトン）であ

るという。*19 この通りなら、たとえば100万回の核分裂が起こると2000〜4000回は三体核分裂で、140〜280個のトリチウムが生成する勘定になる。核分裂の中で占める三体核分裂の割合を0.3%と仮定すると、福島第一原発1〜3号機（熱出力は計614.2万キロワット（kW））を1年間運転した場合、生成するトリチウム量は約$2.2×10^{15}$Bqとなる。2年間運転した場合は約$4.3×10^{15}$Bqとなる。多核種除去設備等処理水の取扱いに関する小委員会（第7回）資料によれば、福島第一原発事故時の1〜3号機のトリチウム量は計$3.4×10^{15}$Bqとあり、矛盾は*20 まったくない。

⑶ 排水に含まれる放射性核種の法令上の規制

　原子力発電所等の原子力施設、研究機関、大学などの放射線施設から低レベルの放射性廃液を外部環境に排出する場合、放射性核種別・化学形等別に法令に基づく濃度規制が行なわれている。告示に定める排気中または空気中の濃度限度以下、排液中または排水中の濃度限度以下であれば外部環境に排出できる。この濃度限度を「告示濃度」と呼んでいる。核種が2種類以上含まれる場合は、各核種の濃度の告示濃度に対する比の総和（以下、告示濃度比総和）が1以下であれば排出できる。これが濃度規制である。表1-1-2は、告示（放射線を放出する同位元素の数量等を定める件）別表2より抜粋したものである。*21

　トリチウム水（HTO）の場合、排気中または空気中の告示濃度は$5×10^{-3}$Bq/cm^3、排液中または排水中の告示濃度は$6×10^{1}$Bq/cm^3である。法令上、廃棄については記帳の義務があり、廃棄に係わる放射性核種の種類及び数量、廃棄の年月日、方法及び場所、廃棄に従事する者の氏名を記帳し、帳簿は1年毎に閉鎖し、閉鎖後5年間保存しなければならない。ALPS処理水のトリチウム濃度を1500Bq/L未満に希釈して海洋放出する場合も、上記記帳が東京電力に求められる。

　なお、放射性核種を1Bq摂取した場合の実効線量を実効線量係数という。トリチウム水（HTO）の実効線量係数は、吸入摂取、経口摂取ともに$1.8×10^{-8}$mSv/Bq（成人の場合）である。有機結合型トリチウムの実効線量係数は、吸入摂取では$4.1×10^{-8}$mSv/Bq、経口摂取では$4.2×10^{-8}$mSv/Bq（ともに成人の場合）である。

表1-1-2　告示（放射線を放出する同位元素の数量等を定める件）別表2より抜粋

核種	化学形等	吸入摂取した場合の実効線量係数(mSv/Bq)	経口摂取した場合の実効線量係数(mSv/Bq)	空気中濃度限度(Bq/cm³)	排気中又は空気中濃度限度(Bq/cm³)	排液中又は排水中濃度限度(Bq/cm³)
^{3}H	水	1.8×10^{-8}	1.8×10^{-8}	8×10^{-1}	5×10^{-3}	6×10^{1}
^{3}H	有機物(メタンを除く)	4.1×10^{-8}	4.2×10^{-8}	5×10^{-1}	3×10^{-3}	2×10^{1}
^{90}Sr	チタン酸Sr以外の化合物	3.0×10^{-5}	2.5×10^{-5}	7×10^{-4}	5×10^{-6}	3×10^{-2}
^{131}I	蒸気	2.0×10^{-5}		1×10^{-3}	5×10^{-6}	
^{131}I	ヨウ化メチル以外の化合物	1.1×10^{-5}	2.2×10^{-5}	2×10^{-3}	1×10^{-5}	4×10^{-2}
^{137}Cs	すべての化合物	6.7×10^{-6}	1.3×10^{-5}	3×10^{-3}	3×10^{-5}	9×10^{-2}

　加えて原子力施設の場合は、通常運転時に外部環境に排出される放射性核種によって周辺住民が受ける被曝を「合理的に達成できる限り低く」（ALARAの原則、ALARAは"As Low As Reasonably Achievable"の略語）保つための努力目標[*22]値として線量目標値（実効線量で年0.05mSv）が指針で決められている。これは国際放射線防護委員会（ICRP）の2007年勧告にある「計画被曝状況」における線量拘束値に相当する。線量目標値を達成できる範囲で気体廃棄物及び液体廃棄物について年間放出量（年間放出管理目標値）が保安規定などで決められている。福島第一原発の場合、液体廃棄物の年間放出管理目標値は、トリチウムを除く全核種が2.2×10^{11}Bq（2200億Bq）、トリチウムが2.2×10^{13}Bq（22兆Bq）である[*23]。

　トリチウムを含む化合物の健康への影響について、トリチウム水の「健康への影響はセシウム137の約700分の1程度」。「身体に取り込まれると、約3～6%が有機結合型トリチウムになる」。有機結合型トリチウムの「健康への影響はセシウム137の300分の1以下」という経済産業省の資料がある[*24]。この資料は、経産省が日本原子力学会や日本保健物理学会の会員向けの説明会を2020年11月25日に開催した時に配布したものである[*25]。

　表1-1-2を利用して、トリチウム水を経口摂取した場合の実効線量係数に対するセシウム137の実効線量係数の比をとると720になる。また、有機結合型トリチウムを経口摂取した場合の実効線量係数に対するセシウム137の実効線量係数の比をとると370になる。経産省の上記資料にあるセシウム137の「約700分の1程度」と「300分の1以下」は、おそらくこのようにして求めたものと推察できる。放射性核種の健康影響が単純に実効線量係数の大小だけで決まるもの

ではないとしても、トリチウムが危険性の極めて低い放射性核種であることは多くの専門家の一致するところであり、「トリチウムの影響については専門家の間でも意見が分かれている」などということはないといってよい。

⑷ ALPS処理水の海洋放出をどう考えるか

① 海洋放出する際の3つの点検基準

　ALPS処理水の海洋放出をどう考えたらよいか。筆者が必要不可欠だと考える3つの点検基準を提示する。この3つの点検基準がすべて満たされない限り、筆者はALPS処理水の海洋放出に反対であり、廃炉・汚染水・処理水対策関係閣僚等会議と東京電力に対し、その中止を求める。また、ALPS処理水の陸上保管を改めて検討するよう求める。

　点検基準1は、ALPS処理水を希釈して海洋放出する際の基準は十分に安全なのかどうか。点検基準2は、海洋放出の実施主体である東京電力は十分に信頼できるのかどうか。点検基準3は、海洋放出することについて、地元住民、漁業関係者、農業関係者など利害関係者の理解と合意は得られているのかどうか。点検基準1と2は、安全性を担保するために必要不可欠なものであり、点検基準3は上記利害関係者、今風の言葉で表すならステークホルダーとの信頼関係醸成を担保するために必要不可欠なものである。3つの点検基準の内容に即して以下検討してみよう。

② 海洋放出する際の基準は十分に安全なのか（点検基準1）

　ALPS処理水を希釈して海洋放出する基準は、2021年4月13日に廃炉・汚染水・処理水対策関係閣僚等会議（議長は内閣官房長官）が決めたものである。[*26]その内容を要約すると以下のようになる。

1）トリチウム以外の核種については、排水の告示濃度比総和が1未満になるまで浄化されていることを確認し、公表する。
2）トリチウム濃度については、排水の告示濃度を遵守するだけでなく、福島第一原発のサブドレン等の排水濃度の運用目標（1500 Bq/L未満）と同じ水準とする。

3）この水準を実現するためには、ALPS処理水を100倍以上（貯留タンク中の水のトリチウム濃度は約15万～250万Bq/Lであり、約100～1700倍の希釈が必要）に希釈する必要がある。希釈に伴ってトリチウム以外の核種も大幅に希釈される。

4）トリチウムの年間放出量については、福島第一原発の事故前の放出管理値（年間22兆Bq）を下回る水準とする。この放出量は、国内外の他の原発から放出されている量の実績値の幅の範囲内である。

外部環境に排出される気体状または液体状放射性廃棄物の規制には、規制対象となる核種の排出口における濃度を規制する「濃度規制」と、一定期間における排出総量を規制する「総量規制」がある。諸外国の法規制を熟知しているわけではないが、管理の容易さから日本を含む多くの国が濃度規制のみを取り入れていると推察される。濃度規制の弱点は、濃度規制値を下回っていれば総量はいくらでも排出できることにある。筆者は大学の放射線施設で放射線管理業務に従事（選任放射線取扱主任者を24年間務めた）していたが、わずか数十人ほどの放射線業務従事者しかいない筆者の所属する施設も数千～1万人の放射線業務従事者がいる原発施設も、規制する濃度値は同じである。小規模施設と大規模施設では総排出量が桁違いに異なるのであるから、少なくとも大規模施設については濃度規制に加えて総量規制を取り入れる必要があるのではないかと常々感じてきた。

　ALPS処理水の海洋放出については、上記4）でトリチウムの総量規制が取り入れられている。しかし、上記4）は「福島第一原発の事故前の放出管理値（年間22兆Bq）を下回る水準」と述べているが、放出管理値（正しくは放出管理目標値）は原発周辺に居住する一般人の受ける線量目標値（年間0.05 mSv）に相当する年間排出量を保安規定で定めたものであり、これは努力目標であって法令上の総量規制とは似て非なるものであるという批判があるかも知れない。ただ、今回は一私企業が決めた努力目標ではなく、内閣官房長官を議長とする廃炉・汚染水・処理水対策関係閣僚等会議すなわち政府が決めたものである。それ故、従前の努力目標としての放出管理目標値ではなく、法令上の総量規制と同等の効力があると解釈できるのではないか。それこそが東京電力ではなく政府が決めた意味であろう。

上記2）では排水の告示濃度（表1-1-2を参照）である6万Bq/L（60 Bq/cm³）の1/40に相当する1500Bq/L未満に希釈すると明記している。3）ではこの水準（1500Bq/L未満）を実現するため、ALPS処理水を100倍以上に希釈すると述べている。筆者の推定によれば、2023年9月30日現在のALPS処理水の平均トリチウム濃度は約60万Bq/Lであり[*1]、これを1500Bq/L未満にするには平均400倍以上に希釈しなければならない。

　ALPS処理水中のトリチウム以外の核種については、上記1）で述べているように、希釈前の段階で排水の告示濃度比総和が1未満になっている。それ故、希釈によりトリチウム濃度を1500Bq/L未満にすることに伴って、トリチウム以外の核種の告示濃度比総和は桁違いに小さくなるはずである。たとえば仮にALPS処理水（トリチウム以外の核種の告示濃度比総和は1未満）を100倍に希釈してトリチウム濃度を1500Bq/L未満とする場合、海洋放出時におけるトリチウムを含む全核種の告示濃度比総和は最大で0.035（1/100＋1/40＝0.035）となる。あるいはALPS処理水を400倍に希釈してトリチウム濃度を1500Bq/L未満とする場合、トリチウムを含む全核種の告示濃度比総和は最大で0.0275（1/400＋1/40＝0.0275）となる。

　こうした点などを勘案して国際原子力機関（IAEA）は、「現在東京電力により計画されているALPS処理水の海洋放出は、人および環境に対し、無視できるほどの放射線影響となる」と結論づけたのである。これ以上の多言は必要ないであろう。ALPS処理水を海洋放出する際の基準は十分に安全である。

　この関係で巷にあるいくつかの批判内容を検討してみよう。（イ）「排水の告示濃度を下回っているとはいえ、ヨウ素129、ストロンチウム90、炭素14、セシウム137など、原発事故由来の放射性物質が検出されている」、（ロ）「政府は通常の原発からトリチウムが放出されている例を挙げているが、通常運転の原発とは違う」、（ハ）「燃料デブリに触れた水を海洋放出するのは世界で初めて」などの批判が散見されるが、これらは批判のための批判であり、とても建設的なものとは思えない。周辺住民の被曝と外部環境への負荷を評価する際に唯一重要なことは、どのような核種を、どのくらいの濃度で、総量としてどれだけ排出するかということに尽きる。

　（イ）は「原発事故由来」の放射性核種が存在することを問題にしている。筆者が現役時代に所属していた大学の放射線施設では、（イ）にあるヨウ素129

以外の3核種を含む44核種について使用の許可を受けていた。使用により汚染された実験器具などを洗って除染すれば、当然排水中にこれらの核種が微少量含まれることになる。法令に基づき、筆者が所属する放射線施設では排水の告示濃度比総和が1未満であることを確認した上で外部環境に排出していたが、なぜ原発事故由来であると告示濃度比総和が1未満であっても排出してはいけないのか。これではダブルスタンダード（二重基準）ではないか。

（ロ）は「通常運転の原発」の排水と違うことを問題にしている。しかし、通常運転の原発の排水と何がどう違うのかについては述べていない。通常運転の原発の排水だろうと原発事故由来の排水だろうと、排水中に含まれる核種の種類、濃度、排出総放射能量が同じならば、周辺住民の被曝と外部環境への負荷に違いはないではないか。（ハ）の「燃料デブリに触れた水」であるという批判も同様である。燃料デブリに触れた水であろうとなかろうと、排水中に含まれる核種の種類、濃度、排出総放射能量が同じならば、周辺住民の被曝と外部環境への負荷に違いはないはずである。

こんな批判もある。（ニ）「トリチウム以外の放射性物質については、ALPSで除去できるのは62核種のみであり、汚染水に含まれるすべての放射性物質を取り除いているわけではない」。ALPSで除去対象としているのは62核種であると東京電力がいっているのだから、その他の核種は除去できていないではないかというわけである。これも批判のための批判でしかない。

東京電力の資料「多核種除去設備の除去対象核種選定」[*28]によれば、事故炉の核燃料に由来する放射性核種（FP核種＝放射性核分裂生成物）と運転時の原子炉保有水に含まれていた腐食生成物の放射化に由来する放射性核種（CP核種＝放射性腐食生成物）について、それぞれ検討して62核種に絞り込んでいることが分かる。その概要を以下に紹介するが、分かりにくければ読み飛ばしても差し支えない。

　　FP核種についていえば、①原子炉停止30日後の炉心に存在する核種を評価し、その中からトリチウム（ALPSでは除去できないため）、不溶性核種（滞留水へ移行し難いため）、希ガス核種（既に滞留水から抜け出ているため）を除外する。②滞留水に含まれるセシウム137の放射能濃度の測定結果等から各核種の滞留水への移行を評価し、原子炉停止1年後における滞留水

中の各核種の放射能濃度を推定する。減衰補正により得られた原子炉停止1年後における滞留水中の放射能濃度が排水の告示濃度の1/100を超える核種をALPSによる除去対象核種として抽出する。この結果、FP核種として計56核種がALPSによる除去対象として選定された。

　CP核種については、運転時に原子炉保有水に含まれる核種が滞留水に移行していること、また、高温焼却炉建屋に滞留水を移送した際に濃縮廃液タンクの保有水に含まれていた核種が混入したことが考えられることから、運転時の原子炉保有水および濃縮廃液タンク保有水に対するCP核種の測定結果を用いて、滞留水に含まれる濃度を推定した。あとはFP核種の場合と同様で、原子炉停止1年後における滞留水中の各核種の放射能濃度を推定する。減衰補正により得られた原子炉停止1年後における滞留水中の放射能濃度が排水の告示濃度の1/100を超える核種をALPSによる除去対象核種として抽出する。この結果、CP核種として計6核種がALPSによる除去対象として選定された。それ故、除去対象核種は合計62核種となった。なお、東京電力によれば、1/100以下となることから除外した核種の推定濃度の告示濃度比総和は最大で0.05程度であり、除外した核種の濃度は十分に低いという。

　東京電力が実際に評価を行なっているALPS処理水に含まれる核種は上記62核種（除去対象核種）＋トリチウム＋炭素14[*29]の64核種である。これ以外の核種については、全アルファ測定、全ベータ測定、ゲルマニウム検出器によるガンマ測定を行なうことで全核種の評価を行なって想定外の核種が含まれていないか確認しており、現在までのところ新たな想定外の核種は見つかっていないという。

　海洋放出する時点におけるトリチウム以外の核種の告示濃度比総和は、前述したように最大でも0.01未満である。福島第一原発事故前の平成21年度（2009年4月～2010年3月）における同原発から通常運転に伴って海洋放出された放射性液体廃棄物はトリチウムが2.0×10^{12}Bq、トリチウム以外の核種は検出限界未満とある[*30]。液体廃棄物の体積の記載がないが、トリチウムは年間放出管理目標値（2.2×10^{13}Bq）の約9％が排出されたことになる。トリチウム以外の核種についてはコバルト60で代表した検出限界値が2×10^{2}Bq/cm³と記載されており、[*30]

これよりコバルト60の排水の告示濃度$2×10^{-1}Bq/cm^3$で除した告示濃度比総和相当値（トリチウムを除く）は0.1となる。

　ALPS処理水を希釈して海洋放出する際の告示濃度比総和（トリチウムを除く）は最大でも0.01未満であるから、福島第一原発事故前の通常運転に伴って排出される告示濃度比総和（トリチウムを除く）の1/10未満となる。廃炉・汚染水・処理水対策関係閣僚等会議が決めたALPS処理水を海洋放出する際の基準を東京電力が遵守する限り、事故以前と同等あるいはそれ以上にリスクは低いといってよい。

③ 実施主体である東京電力は信頼できるのか（点検基準2）

　最近、ALPS処理水を海洋放出する基準が安全であれば、放出できると考えている人が意外に多いことを知った。このような人は点検基準2の視点を持ち合わせていないため、海洋放出に反対するために現行の放出基準がとんでもなく危険なものだといわざるを得ない落とし穴にはまりがちだ。海洋放出する際の基準は安全であるとしても、実施主体である東京電力は信頼できるのか。筆者は、この視点を持つことが重要であると考える。

　海洋放出が始まったとはいえ、今のところALPS処理水の中から、トリチウム濃度が相対的に低い十数万Bq/Lのものを優先的に希釈して海洋放出している。国民的な注視の下、国際原子力機関（IAEA）や日本原子力研究開発機構（JAEA）などの第三者機関の監視下で海洋放出されており、現段階で問題があるとは考えていない。しかし、現存するALPS処理水の海洋放出が終われば、次は処理途上水に着手することになる。処理途上水の二次処理を行なって告示濃度比総和（トリチウムを除く）が1未満であることを厳格に確認した上で、トリチウム濃度が1500Bq/L未満になるまで希釈して海洋放出するまでの過程において、東京電力がごまかしたりすることはないのか。点検基準1は問題ないとしても点検基準2に問題があれば、ALPS処理水の海洋放出の安全性は担保できなくなる。

　点検基準1との関連で、先に巷にあるいくつかの批判内容を紹介した。（イ）排水の告示濃度を下回っているとはいえ原発事故由来の放射性核種が検出、（ロ）政府は通常の原発から排出されるトリチウムを例に挙げているが、通常運転の原発の排出とは違う、（ハ）燃料デブリに触れた水を海洋放出するのは

世界初、（ニ）ALPSで除去できるのは62核種（トリチウムを除く）であり、汚染水に含まれるすべての放射性核種を除去しているわけではない。裏を返せば、これらの批判のうち（イ）、（ハ）、（ニ）は東京電力の信頼性の欠如、（ロ）は政府の信頼性の欠如に由来すると見ることができる。

　ここでは切りがないから、東京電力が過去に行なった事故隠し、データ改ざんなどを振り返ることはしない。本文執筆中の2023年10〜11月に報道された事柄に限って見てみよう。10月25日、協力企業作業員5人が増設ALPS出口配管の洗浄を行なっていた際、廃液をタンクに流し入れるホースが抜けて廃液が飛び散り、廃液がかかった2人が入院する汚染事故があった。幸いにも2人の被曝線量は低く、同月28日に退院した。東京電力は同月26日、作業員らにかかった廃液量は100ミリリットル（mL）と説明していたが、同月30日の定例記者会見で数リットル（L）程度と訂正した。当時は入院した直近の2人の作業員には聞き取りできず、残り3人からのヒアリングにより100mLとしたのだという。直近の2人の作業員から聞き取らずにかかった廃液量を発表するとは、呆れてため息が出てくる。それ以上に問題なのは、汚染水を扱う作業時には防護服の上にアノラック（防水性の上着＝かっぱ）を着用するよう規定していたにも拘わらず着用せず、廃液が防護服に染み込んで身体表面が汚染されたことである。

　11月1日の記者会見で、原子力規制委員会の山中伸介委員長は「（事故収束作業の手順を定めた）実施計画に違反しており、東電の運転管理が不十分だった」との認識を示し、「東電には作業員にきちんと教育指導する責任がある」と述べた。また、同委員会の石渡明委員は「説明が変わる度に数字が大きくなる」と不信感をあらわにしたという。[31] どんなに立派な実施計画や規則を決めようと、それが守られなければ、被曝事故や汚染事故が起こる可能性は否定できない。たとえ安全な海洋放出基準を作ろうと、その基準が守られなければ、安全性は担保できなくなる。実施主体である東京電力は信頼できるのか。心底心配になるのは筆者だけではあるまい。

　こんな報道もあった。11月15日、「東京電力柏崎刈羽原発（新潟県）でテロ対策の不備が相次ぎ、原子力規制委員会から事実上の運転停止命令を受けている問題で、規制委の山中伸介委員長は15日の定例記者会見で、命令解除の可否判断する検査について『遠くない時期に終了する』との見通しを示した」。[32] これだけでは分かりにくいので少し補足すると、柏崎刈羽原発6・7号機は2017年

12月に新規制基準の適合性審査に合格したが、2020年9月〜21年3月に核セキュリティー対策上の不備（IDカード不正使用と警備員の見逃し、故障した侵入検知器の長期間放置など）が相次いで発覚し、21年4月に原子力規制委員会が事実上の運転禁止命令を出し、命令解除の可否を判断するための検査を続けてきた。その検査が「遠くない時期に終了」するというのである。

これと関連して、核セキュリティー対策上の不備が相次いで発覚した東電に原発を運転する適格性があるかどうかを再確認することを原子力規制委員会が2023年7月に決定し、9月からそのための検査が行なわれている。[*33] 適格性の再確認には3か月程度かかる見込みで、適格性再確認と核セキュリティー対策についての検査の終了をもって事実上の運転禁止命令の解除が行なわれることになるという。[*33] それにしても他人のIDカードで核物質防護区域に入退出したり、警備員はカードの顔写真と実際の顔立ちの違いに違和感を持ちながら見逃したり、故障した侵入検知器を長期間放置したりと、信じがたいほどの杜撰さに呆れるばかりだ。筆者には、東京電力に原発を運転する適格性があるとは到底思えない。

試みにヤフーで「東京電力」＋「データ改ざん」で検索すると19万5000件、「東京電力」＋「データねつ造」だと26万5000件ヒットした。「東京電力」＋「事故隠し」では71万6000件、「東京電力」＋「トラブル隠し」だと25万3000件ヒットした。重複するものは多々あるとしても何とも膨大な数ではないか。因みに「関西電力」＋「データ改ざん」で検索すると12万3000件、「関西電力」＋「データねつ造」だと8万2400件、「関西電力」＋「事故隠し」では54万5000件、「関西電力」＋「トラブル隠し」だと111万件ヒットしたから、データ改ざん・ねつ造、事故・トラブル隠しは東京電力の「専売特許」ではなく、日本の電力会社に共通する悪しき体質だと見ることもできる。30年以上にわたって行なわれるALPS処理水の海洋放出の実施主体が東京電力である限り、筆者は海洋放出の安全性を担保できないと考える。

④ 漁業関係者など利害関係者の理解と合意は得られているか（点検基準3）

前述したように、非密封状態の放射性核種を使用する施設では、使用に伴って生ずる低レベルの放射性液体廃棄物を告示濃度比総和が1を超えていないことを確認した上で外部環境に排出（廃棄）している。廃棄については記帳の義

務があり、帳簿は1年毎に閉鎖し、閉鎖後5年間保存しなければならないことになっている。ALPS処理水のトリチウム濃度を1500Bq/L未満に希釈して海洋放出する場合も、記帳の義務が東京電力に求められる。しかし、低レベルの放射性液体廃棄物を外部環境に排出（廃棄）する場合、周辺住民との合意を得る法令上の義務はない。

　それなら点検基準3は必要ないではないかという人がいるかも知れない。しかし、ALPS処理水の海洋放出についていえば、漁業関係者など利害関係者の理解と合意を得なければならないと筆者は考える。そこが通常の原子力発電所や放射線施設からの低レベル放射性液体廃棄物の排出（廃棄）と決定的に異なる点である。これは法令上の義務に加えて東京電力と国に求められる倫理の問題である。なぜそのように考えるのか。

　先ず、福島第一原発事故はなぜ起きたかを振り返ってみよう。事故の直接的原因（素因）は巨大地震と大津波である。しかし、それを災害に顕在化させ被害規模を拡大させた要因を、東京電力福島第一原子力発電所事故調査委員会（国会事故調）報告書は次のように指摘する。「（巨大地震が）発生した段階で、福島第一原子力発電所が地震にも津波にも耐えられない状態であったこと、またシビアアクシデント（過酷事故）にも対応できない状態であったこと、その理由として東京電力株式会社あるいは規制当局がリスクを認識しながらも対応をとっていなかったこと、そしてそれが事故の根源的な原因であること、すなわち、これらの点が適正であったならば今回の事故は防げたはずであること、を検証する[*34]」。

　600ページに及ぶ国会事故調報告書を要約する紙幅の余裕はないが、①事故直前の地震に対する耐力不足、耐震脆弱性を認識しながら耐震対策を実施してこなかった東京電力と、東京電力の対応の遅れを黙認してきた規制機関の姿勢、②認識していながら津波対策を実施しなかった東京電力と、東京電力の対応の遅れを黙認してきた規制機関の姿勢、③国際水準を無視したシビアアクシデント対策などが、詳細に検証されている。福島第一原発事故は、東京電力と規制機関、そして政府が引き起こした、まさに「人災」であると言わざるを得ない。

　事故後の状況はどうか。原子力開発史上最悪のチェルノブイリ原発事故に匹敵する大事故が起こってからおよそ12年半が経過した。福島県によれば、2012

年5月に約16万5000人（県外約6万2000人、県内約10万3000人）が県内外に避難した。避難指示区域の解除がすすむにつれ避難者数は徐々に減少したが、未だに約2万6800人（県外約2万700人、県内約6100人）が避難している。[35]この中には自主避難者は含まれていない。企業利益を優先し、被害を拡大させた先例に四大公害病（水俣病、新潟水俣病、イタイイタイ病、四日市ぜんそく）などがあるが、これほど多数の人々がこれほど長期にわたって避難した事例は日本国内ではなかった。

　また、2023年3月31日現在の福島県内の震災関連死2337人は直接死と行方不明者計1810人の129％であるのに対し、岩手県と宮城県の震災関連死は直接死と行方不明者計のそれぞれ8.12％と8.65％に過ぎない。被災3県の中で福島県は震災関連死が突出して多く、しかも震災関連死の9割以上を原発事故関連死が占めると推察される。原発問題住民運動全国連絡センター代表委員・いわき市民訴訟原告団長の伊東達也さんから教えていただいたことだが、福島県全体の産業は今も事故前に戻っていない。[36]農業産出額は事故前の約90％まで回復したが、原発事故被災12市町村では約40％に留まっている。林業産出額は83％、沿岸漁業の水揚量は2012年度に0.5％に落ち込み、徐々に回復しているとはいえ今でも事故前のわずか21.6％である。[36,37]「人災」によりこれほど福島県民を痛めつけておきながら、地元住民の海洋放出反対の意向を無視してALPS処理水の海洋放出を決定し強行することは倫理的に許されない。

　2015年8月11日、福島県漁業協同組合連合会は国と東京電力に要望書を提出した。要望事項のひとつに「4. 建屋内の水は多核種除去設備等で処理した後も、発電所内のタンクにて責任を持って厳重に保管管理を行い、漁業者、国民の理解を得られない海洋放出は絶対に行わない事」（傍点は筆者）とあるが、これに対する経済産業省の高市早苗経済産業大臣臨時代理の同年8月24日付け回答は、以下の如くである。[38]

　　要望4について　建屋内の汚染水を多核種除去設備で処理した後に残るトリチウムを含む水については、現在、汚染水処理対策委員会に設置したトリチウム水タスクフォースの下で、専門家により、その取扱いに係る様々な技術的な選択肢、効果等を検証しています。検証結果については、まず、漁業関係者を含む関係者への丁寧な説明等必要な取組を行う

こととしており、こうしたプロセスや関係者の理解なしには、いかなる処分も行いません（傍点は筆者）。

　また、東京電力の廣瀬直己代表執行役社長名の同年8月25日付け回答は、以下の如くである39)。

・建屋内の汚染水を多核種除去設備で処理した後に残るトリチウムを含む水については、現在、国（汚染水処理対策委員会トリチウム水タスクフォース）において、その取扱いに係る様々な技術的な選択肢、及び効果等が検証されております。また、トリチウム分離技術の実証試験も実施中です。
・検証等の結果については、漁業者をはじめ、関係者への丁寧な説明等必要な取組を行うこととしており、こうしたプロセスや関係者の理解なしには、いかなる処分も行わず、多核種除去設備で処理した水は発電所敷地内のタンクに貯留いたします（傍点は筆者）。

　原発事故を災害に顕在化させ被害規模を拡大させた東京電力と国は、福島県漁連に約束したことを一方的に破棄してALPS処理水の海洋放出を開始した。おそらく福島県の復興と事故炉の廃止措置をすすめていく上で、今後も多くの約束事を漁業関係者、農林業関係者、地元住民などのステークホルダーと交わすことになるに違いない。事故初期の段階で約束した事柄がこうも軽々しく破棄されるようでは、今後交わされるどのような約束事も無意味なものとなる。東京電力と国が漁業関係者、農林業関係者、地元住民との信頼関係の醸成を破壊した罪はあまりに重い。

参考文献と注

＊1　「多核種除去設備等処理水の取扱いに関する小委員会報告書」（2020年2月10日）によれば、2019年10月31日時点におけるALPS処理水またはALPSでの浄化処理を待っているストロンチウム処理水のトリチウム濃度は平均約73万Bq/Lである。減衰補正すると、2023年9月30日時点のトリチウム濃度は平均約58万6000Bq/L、およそ60万Bq/Lとなる。

＊2　WHO「飲料水水質ガイドライン第4版（日本語版）」、国立保健医療科学院訳、216頁（2012）。放射性核種に関するWHOのガイダンスレベルは、一般人が1年間毎日2Lずつ経口摂取した場合の実効線量が0.1ミリシーベルト（mSv）となるよう設定されている。年0.1 mSvの被曝に伴う発がんリスクは年5.5×10^{-6}であり、健康への追加リスクは低いとWHOは考えている。

https://www.niph.go.jp/soshiki/suido/pdf/h24whogdwq/WHOgdwq4thJPweb_all_20130423.pdf、2023年11月23日閲覧.

＊3　朝日新聞、2023年9月26日.

https://digital.asahi.com/articles/ASR9T5SJHR9QUZPS003.html、2023年11月23日閲覧.

　　読売新聞、2023年8月27日.

https://www.yomiuri.co.jp/election/yoron-chosa/20230827-OYT1T50116/、2023年11月23日閲覧.

　　毎日新聞、2023年8月27日.

https://mainichi.jp/articles/20230827/k00/00m/040/054000c、2023年11月23日閲覧.

＊4　日本経済新聞＋テレビ東京、2023年8月27日.

https://www.nikkei.com/article/DGXZQOUA249U80U3A820C2000000/、2023年11月23日閲覧.

＊5　産経新聞＋FNN（フジニュースネット）、2023年9月18日.

https://www.sankei.com/article/20230918-IIRJGZPVONMSXKI5SKCODJ246M/、2023年11月23日閲覧.

＊6　東京電力、多核種除去設備等処理水の性状について、2018年10月1日.

＊7　東京電力、敷地境界線量（評価値）の目標達成について（2016年2月25日）によれば、福島第一原発の敷地境界線量は2014年3月末に年9.76mSv、2015年3月末に年1.44mSv、2016年3月末に年0.96mSvとなり、ようやく年1mSv未満を達成した。

https://www.meti.go.jp/earthquake/nuclear/decommissioning/committee/osensuitaisakuteam/2016/pdf/0225_3_6c.pdf、2023年11月23日閲覧.

＊8　東京電力によれば、ALPSの稼働率を上げて運用するためには、吸着材交換による停止期間を短くする必要がある。吸着材交換による停止期間は短いもので1

塔あたり2日、長いもので14日程度を要する。吸着材交換による処理量の低下の影響が大きい場合、告示濃度限度を大きく超えない範囲において交換時期を調整したという。

*9　東京電力、処理水ポータルサイト.

https://www.tepco.co.jp/decommission/progress/watertreatment/?yclid=YSS.EAIaIQobChMI1Pu79NihggMVm2APAh2xLQbqEAAYASAAEgKUJfD_BwE、2023年11月23日閲覧.

*10　核反応式 ^{14}N (n, t) ^{12}C を、高校化学で学んだ化学反応式と同様の形式で表記すると、$^{14}N+n \rightarrow t+^{12}C$ となる。核反応は化学反応とは異なるため、同様の形式で表記する必要はない。そのため現在は ^{14}N (n, t) ^{12}C と表記され、これは ^{14}N 原子核に中性子を照射すると、水素3原子核と ^{12}C 原子核が生成することを意味する。t は"triton"に由来し、水素3原子核を意味する。

*11　UNSCEAR、放射線の線源と影響 UNSCEAR 2000年報告書（上）、独立行政法人放射線医学総合研究所監訳、140頁（2002）.

*12　UNSCEAR, SOURCES AND EFFECTS OF IONIZING RADIATION UNSCEAR 1977 report, pp.54-55（1977）.

*13　UNSCEAR、放射線の線源と影響 UNSCEAR 2000年報告書（上）、独立行政法人放射線医学総合研究所監訳、112頁（2002）.

*14　UNSCEAR、放射線とその人間への影響 UNSCEAR 1982年、放射線医学総合研究所監訳、148頁（1984）.

*15　UNSCEAR、放射線の線源と影響 UNSCEAR 2008年報告書（日本語版）、独立行政法人放射線医学総合研究所監訳、第1巻：線原、科学的附属書B、351頁（2011）.

*16　RIは"Radioisotope"の略語で、放射性同位体を意味する。

*17　カナダで開発された、天然ウランを核燃料とする重水減速重水冷却型チャンネル炉。CANDU炉は、"CANadian Dueterium Uranium reactor"の略語である。

*18　東京電力「福島第一原子力発電所でのトリチウムについて」（2013年2月28日）によれば、原発でのトリチウム生成源は、①燃料の三体核分裂、②炭化ホウ素制御棒に含まれるホウ素10の中性子吸収（筆者注：たとえば ^{10}B (n, 2α) ^3H、^{11}B (n, t) ^9Be などにより生成）、③炉水の放射化（筆者注：たとえば不純物として含まれるリチウム6の中性子吸収 ^6Li (n, t) ^4He により生成）がある。このうち「上

記①が主要な発生源」であるという。筆者も同様に考えている。

* 19　Wikipedia（英語版）、https://en.wikipedia.org/wiki/Ternary_fission、2023年11月23日閲覧.

* 20　多核種除去設備等処理水の取扱いに関する小委員会（第7回、2018年2月2日）資料5-2「トリチウムの性質等について」には、福島第一原発事故時の1～3号機のトリチウム量が「3400兆Bq」とある。

* 21　原子力規制委員会、2022年版アイソトープ法令集（Ⅰ）放射性同位元素等規制法関係法令、公益社団法人日本アイソトープ協会編集発行（2022）.

* 22　ICRP、国際放射線防護委員会の2007年勧告（ICRP Publication 103）、社団法人日本アイソトープ協会翻訳発行、54-55頁（2009）.

* 23　たとえば、福島第一原了力発電所 放射性廃棄物管理状況（2010年11月）放射性液体廃棄物の放出量.
https://www.tepco.co.jp/nu/f1-np/data_lib/pdfdata/bpe2211-j.pdf、2023年11月23日閲覧.

* 24　経済産業省、ALPS処理水について（福島第一原子力発電所の廃炉対策）、2020年7月.

* 25　「福島復興・廃炉推進に貢献する学協会連絡会」が同連絡会関係学協会会員に通知して開催した説明会で、説明は経産省資源エネルギー庁原子力発電所事故収束対応室が行なった。

* 26　廃炉・汚染水・処理水対策関係閣僚等会議、東京電力ホールディングス株式会社福島第一原子力発電所における多核種除去設備等処理水の処分に関する基本方針、2021年4月13日.
https://www.kantei.go.jp/jp/singi/hairo_osensui/dai5/siryou1.pdf、2023年11月23日閲覧.

* 27　IAEA, IAEA COMPREHENSIVE REPORT ON THE SAFETY REVIEW OF THE ALPS-TREATED WATER AT THE FUKUSHIMA DAIICHI NUCLEAR POWER STATION（2023）.

* 28　東京電力、多核種除去設備の除去対象核種選定、2021年6月16日.
https://www.nra.go.jp/data/000357892.pdf、2023年11月23日閲覧.

* 29　ALPS除去対象核種すべての分析には長時間を要するため、東京電力は、告示濃度に対して有意に検出された7核種（^{134}Cs, ^{137}Cs, ^{90}Sr, ^{129}I, ^{106}Ru, ^{60}Co,

^{125}Sb）を主要7核種として選定し、主要7核種及びその他除去対象核種の濃度から、その他除去対象核種の告示濃度比の和を0.3と定め、主要7核種の分析を実施することでALPS処理水の除去対象核種の告示濃度比総和を簡便に評価している。ところが2018年度上期時点において、主要7核種の分析結果の合計値と全ベータ値が大きくかい離する貯留タンクが見つかった。調査の結果、炭素14（^{14}C）の存在が確認された。なお、炭素14は主に、^{14}N（n, p）^{14}C 反応および^{17}O（n, a）^{14}C反応により原子炉内で生成する。

*30 東京電力、福島第一原子力発電所 放射性液体廃棄物管理状況（2009年度、年報）.

https://www.tepco.co.jp/nu/f1-np/data_lib/pdfdata/bpe21-j.pdf

*31 東京新聞、2023年11月1日.

https://www.tokyo-np.co.jp/articles/287410、2023年11月23日閲覧.

*32 朝日新聞デジタル、2023年11月15日.

https://digital.asahi.com/articles/ASRCH61ZFRCHULBH00G.html、2023年11月23日閲覧.

*33 TBS NEWS DIG.

https://newsdig.tbs.co.jp/articles/-/714341?display=1、2023年11月23日閲覧.

*34 東京電力福島第一原子力発電所事故調査委員会（国会事故調）、国会事故調報告書、徳間書店（2012）.

*35 ふくしま復興情報ポータルサイト、避難者数の推移.

https://www.pref.fukushima.lg.jp/site/portal/hinansya.html、2023年11月23日 閲覧.

*36 日本共産党中央委員会、議会と自治体、第307号、日本共産党中央委員会、2023年11月.

*37 農林水産省、福島の復興・再生に向けた農林水産省の取組、2023年8月28日.

https://www.reconstruction.go.jp/topics/230828_shiryou4.pdf、2023年11月23日閲覧.

*38 経済産業省、東京電力㈱福島第一原子力発電所のサブドレン水等の排出に対する要望書について、2015年8月24日.

https://www.abetomoko.jp/files/uploads/国から漁連への回答書__2.pdf、2023年11月23日閲覧.

＊39　東京電力、東京電力㈱福島第一原子力発電所のサブドレン水等の排水に対す
る要望書に対する回答について、2015年8月25日.
https://www.tepco.co.jp/news/2015/images/150825a.pdf、2023年11月23日閲覧.

第2節　トリチウムの放射線影響と
　　　　ALPS処理水海洋放出のリスク

　ALPS処理水の海洋放出が2023年8月24日に開始された。第1回放出（2023年8月24日～9月11日）はK4-Bのタンク群の1リットル当たり1.4×10^5ベクレル（Bq/L）、第2回放出（2023年10月5日～10月23日）はK4-C群の1.4×10^5Bq/Lのトリチウム濃度の処理水が、いずれも海水で約780倍に希釈されて、約1.9×10^2Bq/L（約190Bq/L）で放出されている[*1,2]。海水希釈後の告示濃度限度比はトリチウムが0.0032、その他29核種（検出下限値未満の核種を除く）の合計が0.00038で、これらの合計（告示濃度比総和）は0.0036である[*3]。海洋放出を行っている海域でトリチウムおよびガンマ線を放出する放射性核種のモニタリングを行っているが、すべて検出下限値未満であった[*4]。

　この節では、1960年代以降の環境中のトリチウム濃度の推移、トリチウムによる被曝と生物への影響、トリチウムの体内での挙動、トリチウムは生物濃縮するのかについて述べた後で、上記のようなALPS処理水が海洋放出されることによるリスクはどのくらいなのかを検討する。

(1) 環境中のトリチウム濃度

　地球の大気中にトリチウムが含まれているのがわかったのは1930年代のことで、その起源は宇宙線と大気中の気体分子の核反応である。大気圏に飛び込んでくる宇宙線が高速の中性子を生み出し、窒素原子や酸素原子にぶつかって^{14}N（n, t）^{12}C（窒素14の原子核に中性子が衝突して、炭素12が生成し、トリトン（t、トリチウムの原子核）が飛び出すことを意味する。以下同様）や^{16}O（n, t）^{14}Nという核反応が起こり、トリトンが生成する。トリトンは、一次宇宙線の陽子が大気中の原子を破砕して生成したり、太陽などから直接やってきたりするものもある。これらのトリトンは電子とすみやかに結合してトリチウムになり、さらに水（HTO）などになって対流圏の循環に入っていく。

　このようにして生成する天然起源トリチウムは、太陽活動による変動はあるものの生成量はほぼ一定である。そのため生成量は、生成率（2500atoms/m^2/

秒）に地球の全表面積（$5.1 \times 10^8 km^2$）を乗じて求めることができ、7.2×10^{16}ベクレル（Bq）/年である（Bqは放射能の強さの単位で、放射性核種が1秒あたりに崩壊する数を表す）。生成したトリチウムは半減期12.32年で崩壊していき、生成と崩壊の平衡によって一定量（1.3×10^{18}Bq）が存在している。全地球平衡存在量はトリチウム重量として約3キログラム（kg）に相当する[5~7]。

　また、トリチウムは人工起源（核爆発実験、原子炉）の核反応でも生成する。特に、水爆実験が1952年からさかんに行われ、部分的核実験禁止条約が発効する直前の1961、62年に「かけこみ実験」といわれる大気圏内核実験が次々と行われたことによって、天然起源トリチウムをはるかに上回るトリチウムが生成して、成層圏から対流圏へ広がっていった（図1-2-1）[5]。

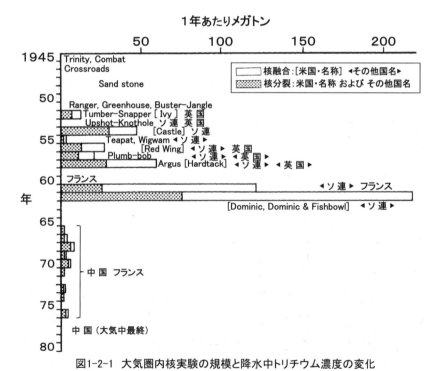

図1-2-1　大気圏内核実験の規模と降水中トリチウム濃度の変化
出典：阪上正信、トリチウムの環境動態、核融合研究、第54巻、第5号、498-511頁（1985）を一部改変

　水爆が爆発すると、リチウムから$^6Li (n, a) ^3H$、$^7Li (n, na) ^3H$の核反応が

起こってトリチウムが生成し、TNT火薬換算1メガトン（Mt、メガは10^6を表す単位）の爆発で$5×10^{17}$Bqほど作られると推定されている。1961年に約120Mt、62年には約220Mtの核実験が行われた。中でも最大のものが旧ソ連のツァーリ・ボンバ（皇帝の爆弾）で、50Mtの爆発で$3×10^{19}$Bqのトリチウムが作られたと推定される（1961年10月30日）。宇宙線が作った全地球平衡存在量の約20倍が、たった1発の核兵器によって作られたわけである。

　核実験で生成したトリチウムのうち、約75％が地上10キロメートル（km）以上の成層圏に注入され、1年ほどかけて対流圏に降下していき、雨水に含まれて降り注いだ。大気圏内核実験で生成したトリチウムの総量は$1.86×10^{21}$Bqと推定され、全地球平衡存在量の約1400倍に当たる。

　核実験により、雨水中のトリチウム濃度は急上昇していった（図1-2-2）。

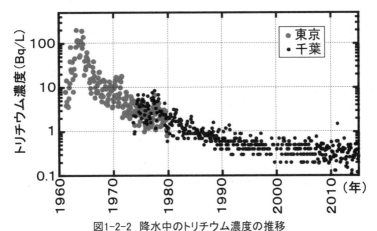

図1-2-2　降水中のトリチウム濃度の推移
出典：柿内秀樹、トリチウムの環境動態及び測定技術、日本原子力学会誌、第60巻、第9号、31-35頁（2018）

　雨のトリチウム濃度がもっとも高かったのは1963年で、日本では約$2×10^2$Bq/Lが観測された。ALPS処理水を海水で希釈して2023年8～9月に海洋放出した際のトリチウム濃度は約$1.9×10^2$Bq/Lであったから、1963年にはこれとほぼ同じ濃度の雨が降ったわけである。

　その後、放射性壊変と海水への移行によって降水中のトリチウム濃度は年々減少していき、現在では関東地方の年平均濃度は$4×10^{-1}$Bq/Lを下まわってい

る。なお、核実験によって生成したトリチウムは現在でも、天然起源の10倍程度が残っていると推定されている[*8]。

　雨を集めて地表を流れる河川水、それが滞留した湖沼水、あるいは地下水のトリチウム濃度も核実験の影響を受けて上昇した。図1-2-3は金沢市の井戸水と河川水の測定結果であり、1984～85年に採水された。

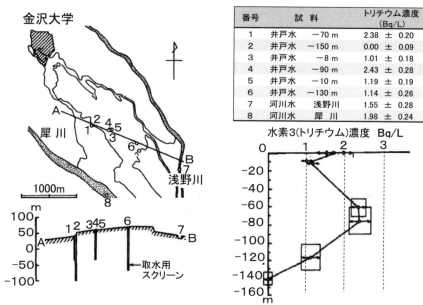

番号	試 料		トリチウム濃度 (Bq/L)
1	井戸水	−70 m	2.38 ± 0.20
2	井戸水	−150 m	0.00 ± 0.09
3	井戸水	−8 m	1.01 ± 0.18
4	井戸水	−90 m	2.43 ± 0.28
5	井戸水	−10 m	1.19 ± 0.19
6	井戸水	−130 m	1.14 ± 0.26
7	河川水	浅野川	1.55 ± 0.28
8	河川水	犀川	1.98 ± 0.24

図1-2-3　井戸水と河川水のトリチウム濃度（石川県金沢市、1984～85年）
出典：阪上正信、トリチウムの環境動態、核融合研究、第54巻、第5号、498-511頁（1985）を一部改変

　1～6の井戸は金沢市小立野台地の1km範囲にあり、採水のためのストレーナー（水からゴミなどの固形物を取り除くために用いる網状の器具）が異なる深度に設置されている。また、浅野川(7)、犀川(8)は同台地の両側を流れている。

　その結果は、①深層水（深度150メートル（m））でトリチウムはほとんど検出されなかった。放射性壊変でトリチウムがほとんどなくなるほどの古い水と考えられる、②中層水（同70～90 m）はトリチウム濃度が約2.4Bq/Lと高い。核実験の影響で降雨中トリチウム濃度が高かったころの水がかなり残っている、③山から流れてくる浅野川や犀川の水はトリチウム濃度が1.6～2.0Bq/Lとや

や高い、④浅層水（同10m）は約1Bq/Lで河川水より低く、この地下水は最近の雨からできたものと考えられる、であった。[*5] 大気圏内核実験の痕跡が、20年以上たった後でも地下水にはっきり残っていたことが分かる。

表1-2-1は「かけこみ実験」から約20年後に、北海道～鹿児島県で採取された表面湖水のトリチウム濃度である。[*9]

表1-2-1　日本の湖水中のトリチウム濃度（1982、83年）

採取場所	都道府県	トリチウム濃度（Bq/L）		採取場所	都道府県	トリチウム濃度（Bq/L）	
		1983年	1982年			1983年	1982年
クッチャロ湖	北海道	2.35±0.27[*]		河口湖	山梨	1.99±0.27	
屈斜路湖	北海道	4.20±0.30		山中湖	山梨	2.54±0.27	
阿寒湖	北海道		3.95±0.31[*]	諏訪湖	長野	2.63±0.27	
支笏湖	北海道	2.83±0.31	3.29±0.29	琵琶湖	滋賀	1.92±0.29	
洞爺湖	北海道	4.31±0.30	5.34±0.30	湖山池	鳥取	1.36±0.28	
大沼	北海道		2.12±0.29	江津湖	熊本	1.51±0.26	
十和田湖	青森・秋田	4.34±0.29	3.23±0.33	六観音池	宮崎	0.77±0.26	
田沢湖	秋田	3.25±0.29	3.89±0.29	池田湖	鹿児島	0.99±0.25	
霞ヶ浦	茨城	1.42±0.26		平均値		2.35±1.18[**]	3.67±0.98[**]

* 計数誤差
** 標準偏差

出典：高島良正、環境トリチウム─その挙動と利用、RADIOISOTOPES、第40巻、520-530頁（1991）を一部改変

17湖沼でトリチウム濃度はおおむね1～5Bq/Lの範囲にあり、次式の比例関係にあることが分かった（∝は比例関係を表す記号）。

$$トリチウム濃度 \propto \frac{湖水の体積}{湖の涵養域（関連する河川、地下水源）の面積}$$

なお、300m以上の深さを持つ支笏湖と池田湖については、深度ごとにトリチウム濃度が測定された。その結果、湖の表面だけは流入河川の影響を受けて濃度が変化するが、深さによる濃度の変動は見られず、湖水はよく混合されていることが分かった。

ここでは降雨、河川水と地下水、湖沼水のトリチウム濃度データを紹介したが、降雨で約 2×10^2 Bq/Lを観測した1962年以降、トリチウム濃度の上昇に伴

う健康影響は報告されていない。

⑵ トリチウムによる被曝と生物への影響

生物（ヒトもその一員）が放射線を浴びる（放射線被曝）と障害が起こるが、それは放射線を「浴びたか・浴びないか」ではなく、「どのくらい浴びたのか」によって決まる。放射線を大量に浴びると生物は死んでしまうが、これはトリチウムから出るベータ線でも同じである。

トリチウムによるヒトへの障害は1960年代に3例が報告されており、2人が放射線障害で亡くなった。3人はいずれも夜光塗料作業者で、1.2 〜 20シーベルト（Sv＝放射線のヒトへの影響の大きさを示す数値で、物質に吸収された放射線のエネルギー（単位はグレイ（Gy））から換算される）を被曝している（表1-2-2）。[10]

表1-2-2　夜光塗料作業者のトリチウム被曝例（1960年代）

年齢	取り扱ったトリチウム量	被曝線量/期間	臨床症状	転　帰	尿中トリチウム濃度
60	2.8×10^{14} Bq/7.4年	3〜6 Sv/7.4年	正色素性貧血[*1] 汎血球減少症[*2]	死　亡 （1か月後）	$1.91 \sim 41 \times 10^3$ Bq/mL
20	1.4×10^{14} Bq/6.3年	1.2〜2.8 Sv/6.3年	正色素性貧血	生　存	$0.07 \sim 6.8 \times 10^3$ Bq/mL
—	$\sim 3.7 \times 10^{13}$ Bq/3年	10〜20 Sv/3年	高色素性貧血[*3] 難治性汎血球減少症	死　亡	$2 \sim 4.3 \times 10^3$ Bq/mL

*1正色素性貧血：赤血球中のヘモグロビン量は正常であるが、赤血球の数が少ない。
*2汎血球減少症：赤血球、白血球、血小板のすべてにおいて数が減少している。
*3高色素性貧血：赤血球中のヘモグロビン量は正常値よりも多いが、赤血球数が少ない。

出典：小松賢志、核融合開発とトリチウム人体影響―社会的受容性に関わる疑問点―、
　　　日本原子力学会誌、第40巻、第12号、12-17頁（1998）を一部改変

放射性核種の夜光塗料への利用は第一次世界大戦の頃に始まり、夜光時計の文字盤にさかんに使われるようになった。放射線発光性の夜光塗料は、塗料に含まれる放射性核種から出る放射線のエネルギーによって発光し、硫化亜鉛などの発光基体が放射線で損傷されない限り、常に一定の輝度の光を発し続ける。

最初に使われたのはラジウムで、若い女性たちがこれを含む夜光塗料を筆で時計の文字盤に塗る作業に従事し、筆先が乱れると唇にくわえて整えた（これをティッピングという）。文字盤1個でティッピングは1 〜 5回ほど行われ、1日に250 〜 300個を仕上げた女性もいて、ティッピングのたびにラジウムは体内を

汚染していった。彼女たちは「ラジウム・ダイヤル・ペインター」と呼ばれ、口唇がんや舌がん、咽頭がん、再生不良性貧血、骨腫瘍などで命を落とした人が少なくない。そのため、ラジウムを含む夜光塗料の使用は減っていき、現在ではほとんどの国がラジウム夜光塗料の製造や使用を認めていない。

ラジウムに代わって使われるようになったのが、放射線のエネルギーが弱くて被曝量が少ないトリチウムである。ところがトリチウムのベータ線を利用した夜光塗料の取り扱いが原因で、2人が大量被曝して死亡した。

1人は60歳の技術者で、1957年に気体のトリチウム（T_2）を使い始めて、約8年で2.8×10^{14}Bqを取り扱った。その間の被曝量は3〜6Svと推定される。1964年の初めから健康状態が悪化して正色素性貧血と汎血球減少症が見られるようになり、同年11月に亡くなった。

もう1人は夜光塗料の生産に従事し、3年以上で3.7×10^{13}Bqほどのトリチウムを取り扱った。放射線障害の症状が出現したので作業をやめたが、すでに10〜20Svと推定される被曝をしていた。その後、高色素性貧血と難治性汎血球減少症を発症して亡くなった。[*11]

亡くなった2人は、大量のトリチウム摂取に伴う末梢血中血球数の減少が死因となったが、これはガンマ線の被曝に伴う骨髄死として知られた現象である。したがってトリチウムによる放射線障害も、ガンマ線と同じ機構で起こっていることが分かる。一方、トリチウムのベータ線とガンマ線で生物影響に違いが見られるのは、同じ生物影響を引き起こす線量が違うことに起因する。そのため、トリチウムのベータ線がガンマ線と比べて危険性は何倍なのか（これを生物学的効果比といい、略称はRBEである）が調べられてきた。

RBEは以下のように、対象の放射線（例えばトリチウムの出すベータ線）と基準放射線（例えばセシウム137のガンマ線）が生体に同じ程度の影響を与える時の、基準放射線の線量を対象の放射線の線量で割って得られる値である。

$$RBE = \frac{トリチウムと同じ効果を起こすのに必要な基準放射線の線量}{ある効果を起こすのに必要なトリチウムの線量}$$

膨大な研究から、トリチウムのRBEは最大で2であろうという結果が得られ

た。表1-2-3はその一例で、実験動物と細胞や受精卵を用いた研究で得られたトリチウムのRBEである[*12]。このようにして得られたRBEの値を用いることによって、ガンマ線の生物影響に関する疫学データからトリチウムのベータ線によるヒトの放射線障害リスクを推定できるようになった。

表1-2-4はトリチウムのRBEを2として、さまざまな摂取量での人体影響を推定している。この結果から、トリチウムによる発がんリスクは、約1.4×10^8Bqの摂取で1万人に1人の発がんが増加すると予想される[*10]。

表1-2-3　トリチウムの生物学的効果比（RBE）

生物学的指標	基準放射線	吸収線量（Gy）	RBE
動物個体レベルでの研究			
骨髄性白血病	200 kVpX線	1〜3	1.2
致死（LD$_{50/30}$）	^{60}Co γ線	4〜8	1.7
リンパ球の染色体異常	250 kVpX線	0.6	1〜2
小腸クリプト細胞のアポトーシス	^{137}Cs γ線	0.13〜0.28	1.4〜2.1
卵母細胞の生存率	^{60}Co γ線	0.055	1.6〜3
細胞レベルでの研究			
マウス細胞の生存率	^{60}Co γ線	0.5〜11.0	1.5
マウス初期胚の生存率	^{60}Co γ線	0.6〜16.3	1.1
マウス受精卵の染色体異常	^{60}Co γ線	0.09〜0.34	2.0
ヒトリンパ球の染色体異常	^{137}Cs γ線	0.14〜2.10	2.0〜2.7
ヒト骨髄細胞の染色体異常	^{137}Cs γ線	0.13〜1.11	1.13〜3.1

出典：馬田敏幸、トリチウムの生体影響研究、日本原子力学会誌、第63巻、第10号、31-35頁（2021）を一部改変

表1-2-4　トリチウムを摂取した時に予想される人体影響（RBE＝2と仮定）

人体影響	線量当量（Sv）	トリチウム摂取量
小腸絨毛上皮障害による死亡（腸死）	10〜30	$2.8〜8.4 \times 10^{11}$ Bq
骨髄障害による30日以内の死亡（LD$_{50/30}$）	3〜5	$0.84〜1.4 \times 10^{11}$ Bq
一次的不妊（男性）	〜0.15	〜4.2×10^9 Bq
末梢血リンパ球の減少	〜0.02	〜0.55×10^9 Bq
発がん性リスクの増大（1万人に1人の増加）	〜0.005	〜1.4×10^8 Bq

出典：出典：小松賢志、核融合開発とトリチウム人体影響―社会的受容性に関わる疑問点―、日本原子力学会誌、第40巻、第12号、12-17頁（1998）を一部改変

⑶ トリチウムの体内での挙動

　大気中のトリチウムは水（HTO）となって、①口（食物、水）、②肺（大気）、③皮膚（大気）から体内に取り込まれる。体に入ったHTOは、体内の水（体重の約60％）と速やかに平衡になり、摂取後3〜4時間で尿も他の体液と同じ濃度になる。[*13] 体内に取り込まれたトリチウムの一部は、生化学的な反応や生体高分子化合物中の水素（軽水素Hや重水素D）との交換反応によって有機化合物に結合する（有機結合型トリチウム、OBT）。摂取したHTOの体内でのOBTへの変換については、ラットで2.3％という結果が得られている。[*14]

　図1-2-4は、HTOとOBTの関係を示したものである。HTOのほとんどは、生物の細胞の中で自由に動き回ることができる水（自由水）として存在している。OBTは生体内の有機化合物の一部となっているもので、トリチウムが酸素（O）や窒素（N）と結合している「交換型」と、炭素（C）に結合している「非交換型」に分けられる。

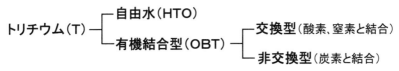

図1-2-4　トリチウム水（HTO）と有機結合型トリチウム（OBT）

　OBTに交換型と非交換型があるのは、OやNのように水素（HやT）との電気陰性度（2つの異なる原子が結合する時、それぞれの原子は電子を1つずつ出して電子対をつくり、これを共有する（共有電子対）。それぞれの原子が共有電子対を引っぱる強さを電気陰性度という。O＝3.44、N＝3.04、H,T＝2.20）の差が大きい元素と結合している場合と、C（電気陰性度は2.55）のように電気陰性度の差が少ない元素と結合している場合では、挙動（化学的なふるまい）が異なるからである。

　OやNと結合した場合、これらが電子を強く引き付けるので、分子内のトリチウム（T）は正電荷、OやNは負電荷を帯びる。そこに別の水（H_2O）分子が近づくと、水素の正電荷が酸素の負電荷に引き寄せられて水素結合ができ、水素同位体（HとT）どうしの組み換えが起こる。これを同位体交換といい、これによってOBTはHTOに変わる。この反応は1秒間に数十〜数百回という頻度

で起こっているので、OやNに結合したTは、そのまわりの圧倒的に多い普通の水（H₂O）と同位体交換を起こして速やかに平衡に達して、ほとんどがHに置き換わってしまう。一方、Cと結合したトリチウムは容易には切れないので、OBTは安定である。

　ところで、私たちの体を構成する有機化合物には、核酸・タンパク質・糖・脂質などがあるが、普通の水素（H）がトリチウム（T）に置き換わってOBTになった場合に問題になるのは、核酸のうちのDNAだけである。なぜかというと、遺伝情報が変わる可能性があるからである。核酸のうちRNA・タンパク質・糖・脂質などの他の有機化合物は、HがTに置き換わってもそのような問題はない。またDNAのうち、デオキシリボースのHがTに置換されても問題にはならず、塩基（アデニン、グアニン、シトシン、チミン）のHがTに置換された場合だけを考えればよい。

　図1-2-5はDNAを構成する4種類の塩基において、交換型の水素（HやT）と非交換型の水素がどれなのかを示す。また、図1-2-6はDNAを構成する塩基の1つであるアデニンにおいて、アミノ基（NH₂）の水素の1つがトリチウムに置き換わった場合の、同位体交換反応を説明したものである。

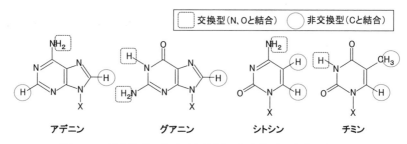

図1-2-5　核酸塩基における交換型・非交換型の水素の位置

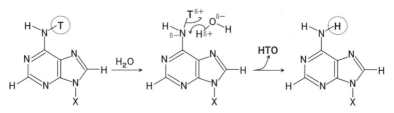

図1-2-6　アデニンの交換型水素のTからHへの同位体交換

48

N－Tの結合は、2つの原子の間で電気陰性度の差が大きいので、Nは共有電子対を引っぱって負に荷電し（δ−）、Tは共有電子対を引っぱられて正に荷電（δ+）している。

　ところで、政府が決定したALPS処理水の海洋放出方針によれば、トリチウム濃度は1500Bq/L未満にするとしている。1500Bq/Lの濃度でHTOが細胞質内に存在すると仮定すると（現実にはあり得ない仮定だが）、HTO1分子に対して13兆分子のH_2Oが存在していることになる（詳しい計算はコラム1-2を参照）。もしトリチウムがDNA塩基の分子内でNと結合して存在していても、この比に従って同位体交換を起こすのだから、DNA塩基内に交換型トリチウムはまったく残らないと考えて差し支えない。

　それでは、トリチウムが非交換型である場合はどうなるだろうか。

　まず、DNA塩基の炭素に結合したトリチウムが放射性崩壊をしていなければ、普通の水素（H）の代わりに重水素（D）が結合しているのと変わりはないので、何の問題もない。次に、トリチウムが放射性崩壊した場合を考える（図1-2-7）。この図では、アデニンに結合したトリチウムを示している。

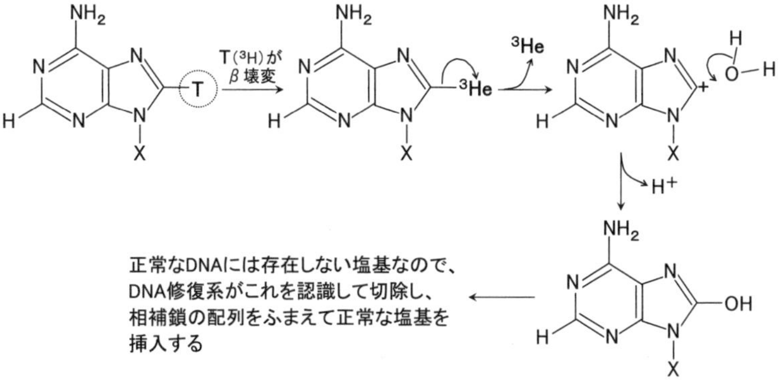

図1-2-7　アデニンの非交換型トリチウムの壊変とその後の反応

　アデニンのCと結合したトリチウムがベータ崩壊すると、ヘリウム3（^3He）になる。ヘリウムは希ガスなので結合していることができず、共有電子対はヘリウムに持って行かれるので、Cはカルボカチオン（C^+）になる。カルボカチオンのまわりには多量の水（H_2O）があるから、H_2Oのうち負電荷を帯びたOがカルボカチオンに近づき、化学反応を起こしてヒドロキシ基（OH）ができる。

ところで図1-2-5をもう一度ご覧いただくと、DNAを構成する塩基にはヒドロキシ基を持つものはない。すなわち、ヒドロキシ基を持つ塩基は、異常な塩基である。言ってみれば、「DNAに傷がついた」（＝DNA損傷）ということである。大丈夫なのだろうか。

　私たちの体を作っている細胞では、その一つひとつで毎日、何万ものDNA損傷が起こっている。上記のように放射性壊変が引き金になったり、放射線照射に起因したりするものもそうだが、DNA損傷は放射線だけが原因というわけではない。細胞の中で起こっている酵素反応の偶発的な失敗や、酸素を使った呼吸反応・熱・さまざまな環境物質もDNA損傷を作っていて、放射線はむしろ"脇役"にすぎない。1つの細胞で毎日、何万ものDNA損傷が生じているのだから、全身ではそれに細胞の数（数十兆）をかけることになり、そうなるとDNA損傷は天文学的な数になる。ところがそういったDNA損傷も、永続的な変異として残るのはごくわずか（0.02％足らず）であり、残りは「DNA修復系」が効率よく除去してしまう。なぜかというと、細胞の設計図であるDNAについた傷をそのままにしておいたら、生物は一時たりとも生きていけないからだ。DNA修復系は、細胞の中を四六時中パトロールしてDNA損傷を発見し、それをただちに修復する。

　中でも異常塩基を見つけるのは、DNA修復系にはお手の物である。トリチウムの放射性崩壊が引き金になってヒドロキシ基を持つ異常塩基ができても、DNA修復系がただちにその異常塩基を認識して修復してしまうのである。

　ところで、OBTを摂取した場合はHTOよりも被曝線量が大きく増加するのではないかという懸念に関して、国際放射線防護委員会（ICRP）は2016年の勧告134で、トリチウムの体内動態モデルを改訂している。勧告134は作業者に対するトリチウムの実効線量係数を、HTO吸入摂取については2.0×10^{-11}Sv/Bq、OBT経口摂取については5.1×10^{-11}Sv/Bqに改訂した。図1-2-8はこれらの値を求めるにあたって用いられた、体内動態モデルである。[*15]

　このモデルは、体内を「血液」と「血液以外」に分け、トリチウムはHTOとして吸入摂取、またはOBTとして経口摂取した後にこれらの間を移動し、一部が「排泄物」として体外に出ていくとしている。ちなみにOBTは、OBT-1（短半減期）とOBT-2（長半減期）の2成分に分けられているが、OBT-1は非交換型の結合の相手であるCが有機化合物として摂取した場合の生物学的

半減期（37日）を、安全寄りに切り上げて40日としたものである。OBT-2は半減期1年としており、2016年に初めて取り入れられた。このような長半減期成分の実体として考えられるものの一つには、脂肪組織があげられている。とはいえ、ヒトでのデータはまだまだ不足していて、OBT-1とOBT-2の実体の特定が困難であるという矛盾もこのモデルにはあって、かなり安全寄りの評価をしていると考えられている。

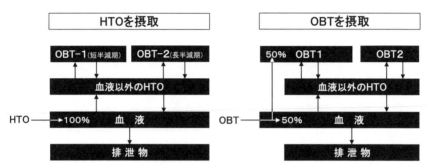

図1-2-8　作業者のHTOとOBT摂取に対する国際放射線防護委員会（ICRP）134モデル
出典：増田毅、トリチウムの体内動態研究、日本原子力学会誌、第63巻、第10号、26-30頁（2021）を一部改変

　表1-2-5は、勧告134の体内動態モデルにおける、それぞれのコンパートメント間の移行速度を求めたものである。

表1-2-5　ICRP134モデルにおけるコンパートメント間の移動速度

移行前	移行後	移行速度（d^{-1}）
血　液	血液以外のHTO	400
血液以外のHTO	OBT-1	0.0006
血液以外のHTO	OBT-2	0.00008
血　液	排　泄　物	0.7
血液以外のHTO	血　液	4.4
OBT-1	血液以外のHTO	0.01733
OBT-2	血液以外のHTO	0.0019

出典：増田毅、トリチウムの体内動態研究、日本原子力学会誌、第63巻、第10号、26-30頁（2021）を一部改変

ALPS処理水の海洋放出に関連してこの表を見ると、HTOとして放出された
トリチウムが体内に摂取された場合、OBTへの移行速度はかなり遅いことが
分かる。

トリチウムの体内での挙動について述べてきたが、まとめると以下のように
なる。

1） 1500Bq/Lの濃度でHTOが細胞質内に存在するという、現実にはあり得
ない仮定をした場合でも、HTO1分子に対して13兆分子のH_2Oが存在して
いることになる。HTOはこの膨大なH_2Oによって、ただちに希釈される。

2） 私たちの体を構成する有機化合物には、核酸・タンパク質・糖・脂質な
どがあるが、普通の水素（H）がトリチウム（T）に置き換わってOBTに
なった場合に問題になるのは、核酸のうちのDNAだけである。

3） トリチウムがDNA塩基の分子内で非交換型として存在していても、そ
のまわりの膨大なH_2Oと直ちに同位体交換を起こすので、トリチウムは
DNA塩基内にはまったく残らないと考えて差し支えない。

4） DNA塩基の炭素に結合したトリチウムが放射性崩壊をしていなければ、
普通の水素（H）の代わりに重水素（D）が結合しているのと変わりはな
いので、何の問題もない。

5） DNA塩基の炭素に結合したトリチウムが放射性崩壊をしても、カルボ
カチオンを経てヒドロキシ基をもつ異常塩基になる。するとDNA修復系
がそれを認識して、ただちに修復反応を開始する。

6） HTOとして放出されたトリチウムが体内に摂取された場合、OBTへの
移行速度はかなり遅い。

⑷ トリチウムは生物濃縮するのか

① ビキニ核実験と放射性核種の生物濃縮

生物濃縮が注目される契機になったのは、アメリカが1953年3〜5月に南太
平洋で行った「キャッスル作戦」という大規模な核実験で、このうち5回はビ
キニ環礁、最後の1回はエニウェトク環礁で行われた。一連の実験で最大とな
るブラボー実験は3月1日未明にビキニ環礁で行われ、15Mtの水爆が爆発した。

コラム 1-2　HTO 1分子に対して 13 兆分子の H_2O が存在

　政府が決定した ALPS 処理水の海洋放出方針によれば、トリチウム濃度は 1500Bq/L 未満にするとしている。この濃度で HTO が細胞質内に存在すると仮定して、以下の計算を行った。

① 1500 Bq/L の HTO のモル濃度
　T（^{3}H）の半減期は T=12.32 y（年）=12.32 × 365 × 24 × 60 × 60=3.885 × 10^{8}s（秒）であり、壊変定数 λ、放射性核種（^{3}H）の数 N、アボガドロ数 N_A=6.0221 × 10^{23}（mol^{-1}）から

$$\lambda N = \frac{0.6931}{T} \times N = 1500 \text{ s}^{-1}$$

$$N = \frac{T}{0.6931} \times 1.500 \times 10^3 \text{ s}^{-1} = \frac{3.882 \times 10^8 \text{ s}}{0.6931} \times 1.500 \times 10^3 \text{ s}^{-1}$$

$$= 8.410 \times 10^{11} \text{ (L}^{-1})$$

$$[\text{HTO}] = \frac{N}{N_A} = \frac{8.410 \times 10^{11} \text{ L}^{-1}}{6.0221 \times 10^{23} \text{ mol}^{-1}} = 1.396 \times 10^{-12} \text{ mol/L}$$

② 細胞質内の [H_2O]/[HTO] 比と同位体交換
　一方、H_2O のモル濃度は、水の密度を 1000 g/L、水のモル質量を 18 g/mol とすると、以下のように計算できる。

$$\frac{1000 \text{ g L}^{-1}}{18 \text{ g mol}^{-1}} = 1.818 \times 10^1 \text{ mol/L}$$

よって、H_2O と HTO の濃度比は以下のようになる。

$$\frac{[\text{H}_2\text{O}]}{[\text{HTO}]} = \frac{1.818 \times 10^1 \text{ mol/L}}{1.396 \times 10^{-12} \text{ mol/L}} = 1.302 \times 10^{13}$$

　したがって、細胞質内に HTO が 1500 Bq/L というあり得ない濃度で存在すると仮定した場合でも、HTO 1 分子に対して 13 兆分子の H_2O が存在していることになる。

閃光の後、巨大なキノコ雲が立ち昇って3万4000mの高度まで達し、爆発がサンゴ礁の地表で起こったために大量のサンゴなどの破片や蒸発物が、核分裂生成物とともに上空に吹き飛ばされた。

　ビキニ環礁実験の後、亜鉛・鉄・カドミウムなどの放射性同位体が、海水ではなく魚の内臓から検出され、放射化学や分析化学の専門家らが生物濃縮に注目するようになった。その後、水銀・カドミウム・DDT・PCBなどの生物濃縮が次々と明らかになり、別の分野の専門家がこれに取り組み始めた。

　表1-2-6は、ビキニ環礁で採取された海水・海底土・プランクトンや魚などの生物の放射性核種濃度を示す。[*16]

表1-2-6　ビキ—環礁で採取した試料中の放射性核種濃度

	マンガン54	コバルト57	コバルト60	ルテニウム106	アンチモン125	セシウム137	ビスマス207
海水（ラグーン）	0	0	0.027	0	0	0.44	0
海水（Bravoクレーター）	0	0.036	0.20	0	0.35	3.6	0.037
海底土（ラグーン）	0.041	0.089	0.25	0.13	0.041	0.0028	0.031
海底土（Bravoクレーター）	0.96	3.4	7.4	10	3.7	0	6.7
プランクトン	0	0.19	3.7	0.18	0		
海　　藻	0.093	0	0.33	0.23	0.013	0.021	0.017
海産無脊椎動物	0.15	3.1	35	0.14	0.0022	0.035	0.0041
海　産　魚	0.11	0.041	0.67	0.0014	0	0.044	0

注：単位は、海水はBq/L、その他の試料はBq/g湿重量
　　　出典：山県 登ら、生物濃縮－環境科学特論、産業図書（1978）を一部改変

　放射性核種のうち、ルテニウム106・アンチモン125・セシウム137は核分裂生成物、マンガン54・コバルト57・コバルト60・ビスマス207は誘導放射性核種（非放射性のコバルトなどが中性子を吸収して、放射性核種になった）である。

　南太平洋での一連の核実験によって、予想をはるかに上回る環境汚染が引き起こされたことが、日本の俊鶻丸などの調査によって明らかになっていった。とりわけ注目されたのが、放射性核種による海産魚の汚染の中で、鉄55・鉄59・亜鉛65といった誘導放射性核種が主体をなしたことである。これらの核種は当時の海水には極めて微量にしか存在が認められていなかったのに、それらが魚に選択的に取り込まれて濃縮されていた。調査が続けられる中で、さらにカドミウムやマンガンなどの放射性同位体も濃縮されていることが明らかになった。

　表1-2-6では、放射性コバルト（コバルト57、コバルト60）が無脊椎動物に著し

く濃縮されていることが特に注目される。他の核種でも、海水中には検出されないか極めて低濃度にしか存在しないものが、顕著に検出されている。

② 物質の化学的性質と生物濃縮

　環境水中にはごくわずかにしか存在しない金属や化合物などを、水生生物が体内に多量に蓄積するという現象はしばしば見られ、これらの物質が生物の体内でどのように分布するかは、その化学的性質によって大きく異なる。表1-2-7はその一例で、PCB類、DEHP、水銀（有機、無機）のコイ体内での分布を示す。[*16]

表1-2-7　さまざまな化合物のコイ（魚）体内での分布

	^{14}C-PCBs	^{14}C-DEHP	^{203}Hg-塩化メチル水銀	^{203}Hg-塩化第二水銀
肝膵臓	1.00	1.00	1.00	1.00
胆のう	4.46	12.58	0.81	0.22
腎臓	0.65	0.72	2.09	3.78
内臓脂肪組織	14.26	—	0.20	0.33
頭蓋骨内脂肪組織	6.50	0.17	0.08	0.04
大脳		0.09	1.35	0.06
中脳		0.09	1.20	0.07
小脳	0.12	0.09	1.40	0.05
間脳		0.09	1.31	0.08
心臓	0.09	—	2.56	0.26
血液	0.03	0.34	0.78	0.18
えら	0.22	0.16	0.80	0.53
腸管（前）		0.84	1.95	108.50
腸管（後）	1.00	0.46	3.69	328.94
皮膚	0.49	0.10	0.29	0.10
普通筋	0.05	0.04	1.16	痕跡量
血合筋	0.41	0.15	2.52	痕跡量

注：①^{14}Cは炭素14、^{203}Hgは水銀203で、いずれも化合物の標識に用いた放射性核種
　　②DEHPはフタル酸ビス（2-エチルヘキシル）で、可塑剤として用いられた
　　③濃度はそれぞれ、肝膵臓濃度に対する各組織内濃度比を示す
　　　　出典：山県 登ら、生物濃縮－環境科学特論、産業図書（1978）

　この実験は、それぞれの化合物を放射性核種（炭素14、水銀203）で標識し、コイに投与して一定時間が経過した後に極低温下で瞬間的に凍結し、全身を10～20ミクロンの薄い切片にした後、標識化合物が出す放射線でフィルムを感光させて行った。

PCB類は内臓脂肪組織に著しく濃縮し、このように特別に高濃度に存在する器官・臓器をターゲットという。PCBやDDTなど親油性の強い（油や脂肪に溶けやすい）有機塩素化合物は、脂肪組織や脂質を豊富に含む組織に高い濃度で分布する。一方、重金属は動物の肝臓・腎臓・腸管の壁をターゲットとすることが多い。ストロンチウムやヒ素化合物は、骨格組織への分布が特徴的である。

ところで水銀は、有機化合物（塩化メチル水銀、CH_3HgCl）と無機化合物（塩化第二水銀、$HgCl_2$）で体内の分布が異なっており、メチル水銀が脳に高濃度で分布しているのが注目される。メチル水銀は、水俣病（熊本県）と第二水俣病（新潟県）の原因となった物質である。

③ メチル水銀の生物濃縮と脳への蓄積

メチル水銀は環境中に極めて微量が存在するだけであるが、生物濃縮性が高く、ヒトへの濃縮率（ヒトのメチル水銀濃度／環境中のメチル水銀濃度）は10万〜100万倍と言われており、その主な移行経路は海産物の摂取である。海水中のメチル水銀はプランクトンなどの生態系の低次にある生物にまず濃縮し、食物網を通じて栄養段階の高い魚類へ、そしてヒトへと移行していく。

なお、食物網の底辺に位置する植物プランクトン中のメチル水銀濃度は、海水中の濃度のすでに1000〜10万倍に達することが知られている。したがって、ヒトへのメチル水銀の濃縮のほとんどは、海水中から植物プランクトンへの取り込みが重要なカギを握るといってよい。環境中での水銀のメチル化は、メチルコバラミン（ビタミンB_{12}）などを介して非生物的に起こる一方、水圏環境では微生物によるメチル化が重要であると考えられている[*17,18]。

メチル水銀は、メチル基（CH_3）が親油性であるため細胞膜を容易に通過して細胞内に侵入し、解離して陽イオン（CH_3Hg^+）となった後、細胞内のタンパク質に含まれるシステイン（タンパク質を構成するアミノ酸の一つで、分子内に硫黄がSH基として存在している）や、グルタチオン（グルタミン酸、システイン、グリシンの3つのアミノ酸が結合したトリペプチド。酸化型と還元型のグルタチオンがバランスをとって、細胞内のタンパク質のSH基を適切な酸化状態に保っている）のチオール基（SH）と結合してHg−S結合を作る。この結合は強固であり、システインやグルタチオンとメチル水銀の化合物は安定に存在する（図1-2-9）。

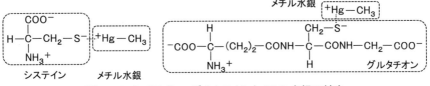

図1-2-9 システイン、グルタチオンとメチル水銀の結合

　メチル水銀は中枢神経系への毒性がきわめて強いが、これは魚介類を摂取して取り込まれる水銀化合物のうち、無機水銀化合物は血液脳関門（BBB、神経組織にとって必要な物質かそうでないかを区別して、血液から脳組織への物質の移行を制限する仕組み）を通過できないが、メチル水銀はBBBを容易に通過することによる。表1-2-7でメチル水銀が脳に高濃度で存在する一方、無機水銀化合物は低濃度であることはこれを反映している。また、水銀の排出は肝臓で最も早く、腎臓がこれに次いで、脳ではきわめて遅い。そのため、メチル水銀の生物学的半減期は約75日であるものの、脳では約240日であり、脳で残留しやすいことを示している。[19]

　脳には脂質が豊富に存在しており、成人では白質で乾燥重量当たり約55％、灰白質では約30％を脂質が占める。脂質は細胞膜で脂質二重層を形成しているが、脳の中に存在する神経細胞は隣接する細胞との情報伝達のために軸索や樹状突起を伸ばして複雑に相互作用している。[20]したがって体積当たりの表面積が多くなり、細胞膜を構成する脂質が多くなるというわけである。

　物質のBBB透過性は、「脂溶性が高い」「分子量が低い」ものほど高くなる。[21]メチル水銀は脂溶性が高く、分子量が小さいから、容易にBBBを通過するのである。図1-2-9に示したメチル水銀－システイン複合体（MeHg－システイン）が脳に取り込まれて、メチル水銀－グルタチオン複合体がMeHg－システインの供給源となる。[19]

④ 有機塩素化合物の生物濃縮

　PCB（ポリ塩化ビフェニル）、DDT（ジクロロジフェニルトリクロロエタン）、BHC（ベンゼンヘキサクロリド）はいずれも分子内に塩素を持つ「有機塩素化合物」である。PCBは電気機器の絶縁油・熱交換器の熱媒体など、DDTとBHCは農薬・殺虫剤として使用された。

表1-2-8は西部北太平洋での、表層水と海洋生物の有機塩素化合物濃度の一例を示す。表層水中でPCBとDDTは1リットル当たり1ナノグラム（ng/L。ナノは10^{-9}、すなわち10億分の1）以下、水に比較的溶けやすいBHCでも10ng/L以下の濃度しかなく、このような極微量の測定には高度の技術が必要となる。ところがスジイルカではPCBが3700 ng/L（表層水の1万3000倍）、DDTが5200ng/L（同3万7000倍）と高濃度で蓄積している。ちなみに日本の紀州沖では、シャチの脂肪で海水の10億倍のPCBが検出されている。[22]

表1-2-8　外洋生態系における有機塩素化合物の濃度（湿体重当たり）と生物濃縮係数

	PCB	DDT	BHC
濃　度			
表層水（ng/L）	0.28	0.14	2.1
動物プランクトン（μg/kg）	1.7	1.7	0.26
ハダカイワシ（μg/kg）	48	43	2.2
スルメイカ（μg/kg）	68	22	1.1
スジイルカ（μg/kg）	3,700	5,200	77
濃縮係数			
動物プランクトン（μg/kg）	6.4	12	0.12
ハダカイワシ	170	310	1.0
スルメイカ	240	160	0.52
スジイルカ	13,000	37,000	37

出典：立川涼、有機塩素化合物による汚染、水質汚濁研究、第11巻、第3号、12-16頁（1988）

　ところで、生物による濃縮の程度を示す指標として、以下のような「濃縮係数」がよく用いられる。これは水中に生息する生物中の濃度（次式では放射性核種の濃度）が、周囲の水に比べてどのくらい濃度が高いかを示す。[23]

$$濃縮係数 = \frac{水棲生物中の放射性核種の濃度（Bq/g\ 湿体重）}{環境水中の放射性核種の濃度（Bq/g\ 湿体重）}$$

　海水中の有機塩素化合物の濃縮係数は、その化合物の油脂への溶解度と、その化合物に対する生物の代謝能力によって決まる。

まず前者だが、有機塩素化合物は親油性なので、生物の体の中では脂肪の多い部位に蓄積する。また、油脂への溶解度と水への溶解度は逆の相関があるため、水溶性がより低いPCBやDDTは、水にやや溶けやすいBHCよりも濃縮係数が高い。

　後者については、プランクトン・イカ（軟体動物）・魚類は有機塩素化合物を分解する能力がほとんどないが、クジラ・イルカ・アザラシなどの哺乳類や鳥類では、肝臓の酵素によって有機塩素化合物はゆっくりではあるが分解される。また、水溶性の高いものほど酵素による分解を受けやすい。したがって、魚類までの濃縮係数は有機塩素化合物の性質のみで決まるが、高等動物の濃縮係数は有機塩素化合物の性質と生物の代謝能力の両方に依存する。[*22]

⑤ 金属の生物濃縮

　表1-2-9は、さまざまな金属の海産生物における濃縮係数を示す。[*23]

元 素	藻 類		植物食性		動物食性		
	定着性	プランクトン（植物プランクトン、ホンダワラ）	プランクトン（橈脚類、翼足類、サルパなど）	貝 類	プランクトン（アキアミ、等脚類、エビ）	魚	イ カ
亜 鉛	$80\sim3000$	$200\sim1300$	$125\sim500$	$1400\sim10^5$	<50	$280\sim2\times10^4$	2500
カドミウム	$11\sim20$	$<350\sim6000$	$<8\sim10^5$	$10^5\sim2\times10^6$	$<300\sim10^4$	$10^3\sim10^5$	2800
クロム	$100\sim500$	$<70\sim600$	$<15\sim10^4$	$6\times10^4\sim3\times10^5$	$<55\sim3900$	$3\sim30$	<70
コバルト	$15\sim740$	$75\sim1000$	$<110\sim10^4$	$24\sim260$	$<70\sim1300$	$28\sim560$	$<200\sim5\times10^4$
水 銀	$10\sim30$			$5\times10^3\sim10^4$		$10^3\sim5\times10^3$	
ストロンチウム	$0.1\sim90$	$0.9\sim54$	$1\sim85$	~50	$1.2\sim10$	$0.03\sim20$	$0.9\sim1.2$
セシウム	$16\sim50$	$16\sim22$	$6\sim15$	$3\sim15$		$10\sim100$	
チタン	$200\sim3\times10^4$	$600\sim10^4$	$28\sim>3\times10^4$		$110\sim2\times10^4$		$300\sim3000$
鉄	$10^3\sim5\times10^3$	$750\sim7\times10^4$	$440\sim6\times10^4$	$7\times10^4\sim3\times10^5$	$3\times10^3\sim3\times10^4$	$400\sim3\times10^3$	$10^3\sim3\times10^3$
鉛	$8\times10^3\sim2\times10^4$	$<10^3\sim3\times10^6$	$3\times10^3\sim2\times10^6$	$39\sim5\times10^3$	$200\sim6\times10^4$	$5\sim10^4$	$100\sim2\times10^5$
マンガン	$20\sim2\times10^4$	$300\sim7\times10^3$	$21\sim4\times10^4$	$3\times10^3\sim6\times10^4$	$270\sim1600$	$95\sim10^5$	103
ヨウ素	$160\sim10^5$			$40\sim70$		10	

出典：清水誠、環境における放射性物質の生物濃縮について、RADIOISOTOPES、第22巻、第11号、
　　　62-73頁（1973）を一部改変

　多くの金属で$10^3\sim10^5$という濃縮係数になっていて、10^6に達するものもある。一方、ストロンチウムのように1以下の値も見られ、濃縮ではなく希釈されている。

　セシウムは軟組織に多いが、体全体に分布する傾向がある。カドミウム・クロム・コバルトなどの重金属は一般に肝臓に蓄積しやすく、二枚貝では肝臓に相当する組織にコバルトを100万倍に濃縮するものがある。またイカでは、カ

ドミウムの肝臓における濃縮係数が10^6に達する。

カルシウムの代わりにストロンチウム（硫酸ストロンチウム、$SrSO_4$）で骨片を作るプランクトンがいて、この骨片ではストロンチウムの濃縮係数は6万に達する。ストロンチウムは筋肉などの軟組織では蓄積しないため、魚の筋肉での濃縮係数は0.1〜0.01程度だが、骨などの硬組織では10〜100くらいになる。

ここまで述べたように、生物濃縮が起こるか否か、濃縮係数はどのくらいかは、金属や化合物の化学的性質、生物の器官・組織ごとの代謝能力と構造に依存して決まる。このことをふまえて、トリチウムの生物濃縮について検討する。

© トリチウムの生物濃縮

図1-2-4に示したように生物の体内でトリチウムは、自由水（HTO）または有機結合型（OBT）として存在している。またOBTには、交換型（酸素や窒素原子と結合）と非交換型（炭素と結合）があり、交換型はH_2Oと同位体交換反応を起こして速やかに平衡に達して、ほとんどがHに置き換わってしまうため、トリチウムの生物濃縮は起こらない。したがって、トリチウムの生物濃縮が起こるか否かは、非交換型トリチウムの比放射能（放射性同位体を含む物質の、1g当たりの放射能の強さ。単位はBq/L）とHTOの比放射能を測定して、両者の比が1より大きいのか否かで判断できる。その実験で非交換型トリチウムは、乾燥させた試料を燃焼させることによって水として採取する。

実験室の環境では、水棲生物・陸上植物・陸上動物のいずれにおいても、HTOのみを投与した場合に、HTOの比放射能を上回るOBTは見つかっていない。したがって、実験室ではHTOからOBTへの生物濃縮は観察されていない。[24]

表1-2-10は、そのような実験の一例を示す。

この実験では、HTOが珪藻に取り込まれ、さらにアルテミア（動物プランクトン）、めだか（魚類）と食物網の上位に行き、最後はマウス（哺乳類）に取り込まれるというモデル生態系を作っている。この表では、「乾燥させた試料を燃焼させて得た水のトリチウム比放射能（組織結合型トリチウム）」と「組織水中のトリチウム比放射能（組織水トリチウム）」の比（SAR）を求めている。この比が1を超えた時は、その生物がトリチウムを生物濃縮したと判断される。

表1-2-10　トリチウムの生物濃縮

実験室モデル生態系	動　物	組　織	トリチウム水単独	トリチウム化食物
トリチウム水（HTO） ↓ 植物プランクトン（珪藻） ↓ 動物プランクトン （アルテミア） ↓ 魚　類　（めだか） ↓ 陸生動物（マウス）	アルテミア	全　身	0.23	0.51
		ＤＮＡ	0.25	0.55
	めだか	え　ら	0.29	0.64
		内　臓	0.35	0.66
		筋　肉	0.29	0.60
	マウス	肝　臓	0.32	0.10* (1.41)
		生殖組織	0.26	0.071* (1.10)
		脳	0.14	0.043* (0.46)
		ＤＮＡ	0.093	0.052* (0.68)

＊組織酸化水 ^{3}H比放射能／食物酸化水 ^{3}H比放射能
ただし（　　）は組織水 ^{3}H との放射能比

出典：小松賢志、核融合開発とトリチウム人体影響—社会的受容性に関わる疑問点—、
日本原子力学会誌、第40巻、第12号、12-17頁（1998）を一部改変

　HTOを単独で与えた場合、いずれの生物でもSARはおよそ0.3以内にとどまっており、生物濃縮は認められない。これに対して、同じ環境で育てたトリチウム食物（生物）をHTOと同時に与えた場合は、SARが若干高まるものの0.5 ～ 0.7程度にとどまっており、生物濃縮は認められない。

　マウスでは、HTOで飼育した水棲生物をエサとして与えた場合の、組織結合型トリチウムと組織水トリチウムの比も（　　）に書いてある。肝臓で1.41、生殖組織で1.10と見かけ上は1を超えているが、トリチウム化食物の代謝分解によって低濃度の組織水トリチウムができたことによるもので、生物濃縮を意味するものではない。

　環境中でときどき、SARが1を超える試料が見られることがある。これは、原子力施設周辺のようにトリチウム濃度が激しく変化する環境において、生物の体内に比放射能が高い非交換型トリチウムが残留していて、それが環境中HTOの比放射能より見かけ上で高くなったと考えられる[*10]。

⑸ ALPS処理水海洋放出のリスクはどうなのか

⑴〜⑷をまとめると、以下のようになる。

1) 部分的核実験禁止条約が発効する直前の1961、62年に「かけこみ実験」

といわれる大気圏内核実験が次々と行われたため、日本で雨に含まれるトリチウム濃度は約2×10^2Bq/Lに達した。この濃度は、ALPS処理水を海水で希釈して2023年8〜9月に海洋放出した際のトリチウム濃度は約1.9×10^2Bq/Lに匹敵する。なお1962年以降、トリチウム濃度の上昇に伴う健康影響は報告されていない。

2）トリチウムの体内での挙動については、HTOとOBTのうち交換型はそのまわりの膨大なH_2Oと直ちに同位体交換を起こしてH_2Oまたは交換型Hに置き換わる。

3）非交換型トリチウムのうち、DNA塩基以外のものは遺伝的な問題をもたらすことはない。DNA塩基の炭素に結合したトリチウムが放射性崩壊をした後に異常塩基になると、DNA修復系がそれを認識して修復反応を開始する。

4）HTOとして放出されたトリチウムが体内に摂取された場合、OBTへの移行速度はかなり遅い。

5）トリチウムは生物濃縮しない。

2023年8〜9月に海洋放出された希釈ALPS処理水のトリチウム濃度は、約1.9×10^2Bq/L（約190Bq/L）である。トリチウムの実効線量係数は1.8×10^{-8}mSv/Bqであるから、この濃度のトリチウムを含む水を1日2L、1年間飲んだ場合の内部被曝量は以下のようになる。

$$1.9 \times 10^2\text{Bq/L} \times 2\text{L} \times 365\text{（日）} \times 1.8 \times 10^{-8}\text{mSv/Bq} = 2.5 \times 10^{-3}\text{mSv}$$

実際には、海洋放出された希釈ALPS処理水は海水でただちに希釈されるから、1.9×10^2Bq/Lの濃度のトリチウムを口にするというのはあり得ない仮定である。その、あり得ない仮定のもとでも、1日2L、1年間飲んだ場合の内部被曝量は2.5×10^{-3}mSvであり、これは日本人の自然放射線による被曝量（2.1mSv）の800分の1以下である。

1）〜5）および上記の計算から、「ALPS処理水の海洋放出に看過できないリスクはない」と判断できる。

参考文献と注

＊1　東京電力、多核種除去設備等処理水の海洋放出にあたって（2023年8月22日）.
　　https://www.tepco.co.jp/press/release/2023/pdf3/230822j0101.pdf、2023年9月29
　　日閲覧.

＊2　福島第一原子力発電所 測定・確認用設備のタンクB群からの放出完了につい
　　て（第1回放出）.
　　https://www.tepco.co.jp/decommission/information/newsrelease/reference/
　　pdf/2023/2h/rf_20230911_1.pdf、2023年11月1日閲覧.
　　東京電力、福島第一原子力発電所 測定・確認用設備のタンクC群からの放出完了
　　について（第2回放出）.
　　https://www.tepco.co.jp/decommission/information/newsrelease/reference/
　　pdf/2023/2h/rf_20231023_1.pdf、2023年11月1日閲覧.

＊3　放射性核種の環境放出の可否は、「放射性同位元素等の規制に関する法律」、
　　「放射性同位元素等の規制に関する法律施行令」の下にある「放射線を放出する
　　同位元素の数量等を定める件」に書かれている、濃度限度（排水の告示濃度）を
　　超えるか否かで判断される。超えていれば排出できず、超えていなければ排出で
　　きる。環境放出について判断する放射性核種が2種類以上の場合、まず核種ごと
　　に濃度の告示濃度に対する比（告示濃度限度比）を算出し、次にその和（告示濃
　　度比総和）を求める。告示濃度比総和が1を超えるものは環境へ排出できず、1以
　　下だと排出できる。

＊4　環境省、ALPS処理水海域モニタリング測定結果 海水調査（トリチウム及び
　　ガンマ線核種（速報））（2023年10月24日分）.
　　https://shorisui-monitoring.env.go.jp/pdf/tri_rapid-2023_10_24.pdf、2023年11月1
　　日閲覧.
　　水産庁、水産物の放射性物質調査の結果について（トリチウム精密分析（令和5
　　年10月31日現在）.
　　https://www.jfa.maff.go.jp/j/housyanou/attach/pdf/kekka-150.pdf、2023年11月1
　　日閲覧.
　　福島県、ALPS処理水に係る海水モニタリングの結果について（トリチウムの迅
　　速分析・速報値（令和5年10月26日））.

https://www.pref.fukushima.lg.jp/uploaded/attachment/600676.pdf、2023年11月
1日閲覧.

＊5　阪上正信、トリチウムの環境動態、**核融合研究**、第34巻、第5号、498-511頁
（1985）.

＊6　野口邦和、トリチウム(1)—自然起源トリチウムについて—、核・エネルギー
問題21、（2020）.

＊7　国連科学委員会、国連科学委員会（UNSCEAR）2000年度報告書.

＊8　柿内秀樹、トリチウムの環境動態及び測定技術、**日本原子力学会誌**、第60巻、
第9号、31-35頁（2018）.

＊9　高島良正、環境トリチウム—その挙動と利用、*RADIOISOTOPES*、第40巻、
520 530頁（1991）.

＊10　小松賢志、核融合開発とトリチウム人体影響—社会的受容性に関わる疑問点
—、**日本原子力学会誌**、第40巻、第12号、12-17頁（1998）.

＊11　Seelentag W., Two Cases of Tritium Fatality. in Moghissi A. A. and Carter
M. W., (eds.) **Tritium**, Phoenix: Messenger Graphics, p.267. (1973)

＊12　馬田敏幸、トリチウムの生体影響研究、**日本原子力学会誌**、第63巻、第10号、
31-35頁（2021）.

＊13　山口武雄、トリチウムの生物影響、**日本原子力学会誌**、第25巻、第11号、
39-44頁（1983）.

＊14　齊藤眞弘、トリチウムの生体影響および生体内挙動—生体内挙動とモデル、
日本原子力学会誌、第39巻、第11号、9-12頁（1997）.

＊15　増田毅、トリチウムの体内動態研究、**日本原子力学会誌**、第63巻、第10号、
26-30頁（2021）.

＊16　山県登ら、生物濃縮−環境科学特論、産業図書（1978）.

＊17　丸木幸治ら、海洋における水銀の濃度分布と動態、**地球化学**、第57巻、151-
165頁（2023）.

＊18　多田雄哉・丸木幸治、海洋における水銀の形態変化と微生物群の関わり、**地
球化学**、第57巻、166-178頁（2023）.

＊19　三浦郷子、メチル水銀の神経毒性とその作用機構、**衛生化学**、第44巻、第6
号、393-412頁（1998）

＊20　片倉賢紀、多価不飽和脂肪酸と脳機能、**生化学**、第92巻、第5号、626-631頁

64

（2020）.

＊21　楠原洋之、血液脳関門の分子構造と薬物輸送、*Drug Delivery System*、第27巻、第5号、370-380頁（2012）.

＊22　立川涼、有機塩素化合物による汚染、**水質汚濁研究**、第11巻、第3号、12-16頁（1988）.

＊23　清水誠、環境における放射性物質の生物濃縮について、*RADIOISOTOPES*、第22巻、第11号、62-73頁（1973）.

第2章
なぜ漁業者は
処理水の海洋放出を認めないのか

(1) かみあわない政府と漁業者

① 東京電力から政府へ

「多核種除去設備等（ALPS）は汚染水からトリチウムだけを取り除けない。しかし、薄めれば海洋放出は問題ない」。こうした考えが表出したのは東京電力福島第一原子力発電所（福島第一原発）にALPSが導入されるタイミングで、原子力規制委員会が2013年1月24日に第2回特定原子力施設監視・評価検討会を開催した時だった。この会議で東京電力が、「関係者に合意を得ながら海へ放出」と発言したのである。

福島第一原発の構内には1000を超える巨大な貯水タンクが設置されていて、汚染水が発生する限りタンクが増え続ける。そのことから溜められた汚染水をどう処分するかはクリアしなければならない課題ではあったが、この発言は漁業界がもっとも恐れていたものであった。

翌日（1月25日）、報道でその内容を知った全国漁業協同組合連合会（全漁連）が、東京電力や政府に猛抗議（「福島第一原発汚染水の海への放出方針に関する厳重抗議」を提出）した[*1]。しかし、そうした抗議もむなしく、原子力規制委員会でもALPS処理水の海洋放出についての科学的安全性や合理性が議論されるようになり、政府内部でも海洋放出の実現に向けた行動が始まる。

政府は2013年4月26日、経済産業省の中に「汚染水処理対策委員会」を設置した。この後、福島第一原発からの汚染水漏洩が度々発覚して、全漁連が東京電力や政府に対して再三抗議する事態が発生した。加えて当時は、東京オリンピック誘致の時期と重なっていたことから、政府の対応が注目されるように

なっていた。

　そのような中、原子力災害対策本部で安倍晋三首相（当時）が「汚染水問題は国民の関心も高く、対応すべき喫緊の課題だ。東電に任せるのではなく国としてしっかりと対策を講じていく」（2013年8月7日）と発言し、政府は9月6日に汚染水対策の基本方針を決定した。同日、韓国政府が福島県を含む8県からの水産物輸入を禁止すると発表。それに対抗するかのように、翌9月7日、ブエノスアイレスで開催されたIOC総会でのオリンピック開催地誘致演説の中で、安倍首相が「汚染水による影響は、福島第一原発港湾の0.3平方キロメートル（km²）範囲内で完全にブロックされています」と発言し、物議を醸した。同時に汚染水対策は政府の重い課題になっていった。

　政府は2013年12月25日、汚染水処理の対策を検討する「トリチウム水タスクフォース」（タスクフォース）を経済産業省内に設置した。タスクフォースでは地層注入、海洋放出、水蒸気放出、水素化による大気放出、固化・ゲル化による地下埋設という5つの処分方法の比較検討が行われた。そうした検討が進められているにもかかわらず、2015年1月21日開催の原子力規制委員会において、「2017年以後にALPS処理水の規制基準を満足する形での海洋放出等」を行うとする方針が明文化されたのであった。そして2016年6月3日に公表されたタスクフォースの結論は、海洋放出が「準備期間が最も短く、低コスト」だとした。

　この結果を受けて海洋放出を政府が選択すると思われたが、政府は決定せず、2016年9月27日に新たに「多核種除去設備等処理水の取扱いに関する小委員会」（ALPS小委員会）を設置して、タスクフォースが検討した5つの処分方法を社会的影響まで含めて再度検討することになったのであった。ただし、その結論はタスクフォースの結論を覆すものではなく、海洋放出の合理性を後押しするものでしかなかった。

② 漁業者と政府・東電が交わした「約束」

　原子力規制委員会では、田中俊一委員長（当時）が「処理済み汚染水を海に放出する対策が必要」と発言するなど、早い段階から事実上海洋放出を推奨していた。処理水が福島第一原発の通常運転の法定告示濃度を下回っているのなら（通常運転ではない汚染水の処理という問題はあるものの）、濃度だけ捉えれば法

解釈として海洋放出は可能であったからであろう。

　しかし、福島第一原発の事故後に低濃度汚染水を漁業者への連絡なしに海洋放出したことから、東京電力と全漁連は2011年4月に漁業関係者の理解なしに如何なる処分も行わないことを約束していたため、海洋放出は事実上不可能であった。そのことから、前述の安倍元首相の発言にあるように国が対策を講じることになったが、その国も、原発建屋に近づく地下水を吸い上げて海洋放出するサブドレン復旧計画の合意を得るために福島県漁連と、2015年8月24日に「漁業関係者の理解なしには如何なる処分しない」と約束したのであった。漁業界は、タスクフォースにおいて汚染水の処分方法の検討が進められている外側で、東京電力に対してだけでなく、国に対しても海洋放出の封じ込めを求めていた。

　原子力規制委員会やタスクフォースで一定の結論が出ていたのに、その直後にALPS小委員会が設置されたのは、「風評」を恐れて強く反対し、断りなく処分しないようにと政府にも約束を取り付けていた漁業界への対応といえる。

③ どう抗おうと既定路線だった

　漁業者は海洋放出に強い抵抗感をもっていた。東日本大震災後からの数年を思い出すと無理もない。事故後、東京電力が原発構内施設に溜まっていた低濃度汚染水を漁業者に伝えることなく海洋放出し、それが原因ではなかったが、その後深刻な海洋汚染が発生した。原発建屋から高濃度の汚染水が漏れていたためである。これにより魚の汚染も確認され、東北を中心に各産地が「買い控え」に翻弄された。ソーシャルネットワーキングサービス（SNS）ではデマも含んだ極端な情報が拡散され、放射能の安全性をめぐる報道は加熱し、結果的に消費者に不安を残した。そのことが水産物の需要を一気に冷え込ませた。この経験から、「海洋放出」という言葉は漁業者にとってある種のトラウマになっている。海洋放出を受け入れるための国内外における理解醸成がなされていない中では、海洋放出に対する反対姿勢を崩せなかった。

　政府・東京電力は、そうした漁業者サイドの心情を受けて、建前として漁業関係者の理解なしには如何なる処分もしないとしたのだが、その一方では「海洋放出」の準備を着々と進めた。そして政府は漁業者に断ることなく2021年4月13日、第5回廃炉・汚染水・処理水対策関係閣僚等会議においてALPS処理

水の海洋放出の方針を決定した。処理水を溜めるタンクの設置場所がないとして、海洋放出の時期を2023年春頃として先に決めたのであった。

　海洋放出はALPSが導入された時点から既定路線であったのであろう。この状況の中で政府にできることはせめて理解醸成に時間をかけることなのだが、政府は海洋放出の時期を決めて漁業者にその選択への「理解」を迫り続けたあげく、結局、理解に足る状況を生み出せないまま、海洋放出を実施した。

(2) 今回もまた漁業者は国益追及の犠牲になった

　政府の対応は、ALPS処理水の海洋放出に向けて自然環境や食への安全性については問題ないのだから、風評被害を防ぐことができれば良いという考えが強い。しかし、そうした考えに基づいた対策が漁業者を納得させる材料にならないということを根本的に理解していない。そのひとつは、漁業者が水環境に影響が出る行為や開発を受け入れられないということである。それは自分たちの生業を行っている水域の環境を変えられ、生業が成り立たなくなるのではないかという恐れからくるものである。

　これまでも漁業者は、生態系を壊してしまう干潟などの臨海埋め立て開発計画や、臨海部での火力発電所の立地計画に抵抗してきた。発電所については、原発に限らず、火発でも温排水を放出するからである。また、ダム建設、ゴルフ場開発、河口堰建設、干拓事業、原生林における大規模圃場開発、河川近くの畜産施設の立地など、陸域の開発にも抵抗してきた。これらの開発は、陸域から流れ込んでくる水量や水質を変えてしまう可能性がある。こうした計画にはことごとく抵抗してきた漁業者らは、水環境に影響を与える計画を生理的に受け入れられない。

　しかし多くの場合、環境アセスメントという科学的手続きを経て、海への影響は少ないとされ、「漁業者の抵抗は国益に反する」という無言の圧力が漁業者を追い詰めてきた。さらに開発サイドは問題があれば対処するとして、公害協定を結んだり補償金を支払ったり、基金を積み上げたりして漁業者との間で妥協点を探ったのであった。そのうち、漁業そのものの衰退が進み、漁業者の抵抗力が弱まると、やがて開発が進められた。

　開発行為は漁業者らの生業よりも国策や企業の利益を優先するものである。

それらの開発のたびに、生業として営む漁業者らの誇りに傷がつけられてきた。抵抗してきた漁業者たちの間に残ったのは屈辱感であった。このように漁業者は国益追求の犠牲者となりやすい。

ALPS処理水の海洋放出においても、次のように類似した構図が見えてくる。

1）ALPS処理水の処分方法は海洋放出でなければならないという理由はないにもかかわらず、東京電力にとっては海洋放出がもっともコストがかからず理にかなっている
　　↓
2）国としては廃炉を進めるのに東京電力にムダなコストをかけさせるわけにはいかない
　　↓
3）ALPS処理水は安全で環境や人体への影響は無視できるゆえ、国としては風評の影響を可能な限り封じ込める努力をする
　　↓
4）さらに風評被害の対策も講じるし、基金も積み上げる
　　↓
5）それでも理解できないというのなら、それは国益を無視している

こうして政府は漁業者に理解を求めながら、さし迫り、犠牲を強要した。政府が漁業者にいくら丁寧に配慮を重ねても、生業を犠牲にする方策を選択している以上、漁業者は自分たちの生業が見下げられていると受け止めざるを得なかった。だから、漁業者から理解が得られなかった。

理解が得られるとしたら、その犠牲が廃炉の加速という共通の利益に繋がるかという筋書きがあるかどうかであった。廃炉に必要だとは政府はいうが、海洋放出が廃炉の決め手になるという筋書きは全く出てこなかった。となると、国家による犠牲の強要が国益につながらないという疑いまで出てくる。

⑶ 国や東電を信用できない漁業界

日本政府は前述のとおり、2021年4月13日にALPS処理水の海洋放出を実行

することを決め、放出時期は2023年春とされた。そこに向けて、2021年末に
「ALPS処理水の処分に関する基本方針の着実な実行に向けた行動計画（案）」
を公表した（表2-1）。これをもって漁業者や関係者に誠意を見せたが、漁業者
への説得材料にならなかった。

　この行動計画は多くの関係省庁が関わり大規模に行われている。しかし、そ
の計画通りに行われたとしても、国内外に広がるALPS処理水の海洋放出の
ショックはどこまで和らげることができるかは未知であり、誰もそのことを想
定できていなかった。[*3]

表2-1　ALPS処理水の処分に関する基本方針の着実な実行に向けた行動計画

対策1	風評を生じさせないための仕組み作り
対策2	モニタリングの強化・拡充策
対策3	国際機関等の第三者による監視及び透明性
対策4	安心が共有されるための情報普及・浸透策
対策5	国際社会への戦略的な発信
対策6	安全性等に関する知識の普及状況の観測・把握
対策7	安全証明・生産性向上・販路開拓等の支援
対策8	全国の漁業者に対する事業継続のための支援
対策9	万一の需要減少に備えた機動的な対策
対策10	なおも生じる風評被害への被害者の立場に寄り添う賠償
対策11	風評を抑制する将来技術の継続的な追求

注：当初案は対策10までだったが、2022年8月30日に改訂され11になった

　たしかにALPS処理水は、海洋汚染の原因となった放射性セシウムやストロ
ンチウムなどが大量に含まれた高濃度汚染水とは明らかに違う。ALPS処理水
の処分は、トリチウムを多く含むALPS処理水をそのまま海洋放出するのでは
なく、原発の排水基準を大きく下回る濃度基準で放出するという意味で、理論
的には健康被害に与えるリスクはかなり引き下げられている、ということにな
る。

　とはいえ、漁業者には懸念があった。理論的に安全だとしても、それが正し
く運用されるかどうかである。多くの漁業者は安全性よりもこの点において疑
念をもっていた。国や東京電力を信じられるかどうか、ということである。

たとえば2013年6月26日に原子力規制委員会において、原発建屋内の汚染水が港湾内の海水に影響している可能性が指摘されて東京電力は「判断できない」と応えていたのだが、参議院選挙で与党が圧勝した次の日（2013年7月22日）にその可能性を認めた。真相はわからないが、都合の悪いことは答えないという印象を与えた。

　また、未だ原発構内の港湾内では基準値を超える魚が捕獲されるゆえ、漁業者が東京電力や国に対してその問題の解決を求めてきたが、解決策を見いだせていない。2023年5月にも港湾内で捕獲されたクロソイから、基準値の180倍の放射性セシウムが検出されている。雨水が放射性物質に汚染された地表や放射性物質が付着した瓦礫に触れて、それが「K排水路」に集まり、その水が港湾内に流れ込むので、魚が汚染すると考えられている。もちろん、この話は漁業者に伝わっている。東京電力は手を打っているが、その問題が解決されない。

　さらに、ALPS処理水の排出施設の工事を説明しないで着工するなど、配慮に欠く進め方をしていた。排出施設はシールドで掘削して海底にトンネルを造成して、その中に排出管を敷設して沖合に出すものだが、その水域の漁業権が放棄されていることを理由に説明を怠っていたのであった（海洋土木工事を行う際は、近隣の利害関係者の了解を得てから実施するものである）。

　このようなことがあるゆえ、漁業者は東京電力と国（＝経済産業省）に対して不信感を持っている。

⑷ 放出前に国民の理解は進んでいたのか

　海洋放出が安全に運営されるとして、次の問題となる国民の理解についてはどうなのか。理解の醸成を広げるに必要な放射性物質の危険性や稀釈するALPS処理水の安全性について、国民をどこまで納得させることができたのであろうか。

　原発の温排水に関連する法定告示濃度など、基準値の40倍に稀釈するというところはポイントであるが、ではその基準値が安全という根拠をどう理解するのか。それはやはりベクレル（Bq）やミリシーベルト（mSv）という単位を使って年間の被曝量から理解するしかない。そして、このような単位と数値を聞いて、どのくらいの人が危険性の違いを理解できるだろうか。そもそも、原

発の温排水に放射能物質が微量でも溶け込んでいたという事実を、知っている人はごくわずかだったのではないか。となると、安全であることを科学的に理解していくには時間を要する（筆者もかなり苦労した）。

　結局、理解しようという気があっても難しいため、海洋放出を好意的に受け止めて頭の中に「ALPS処理水は安全」という言葉をすり込むしかない。科学的解釈を単純化してわかりやすい説明にして、内容を鵜呑みしてもらうということになる。政府はそのような人を、どれだけ増やせるかに注力するしかない。

　他方、2022年1月に政府がインターネットを使って行った「ALPS処理水の安全性等に関する国内外の認識状況調査」の結果からは、次のことがいえる。「現時点では放射線の被曝による健康被害は認められないこと」「事故後の被曝を鑑みても、今後の健康被害は考えにくいと評価されていること」を知っているかという問いかけに対して、日本では「知らない」または「知っているが信じられない」という2つの回答の合計が7割以上を占めた。東日本大震災後に政府は、福島産の安全性についてリスクコミュニケーションの機会を沢山設けてきたが、この結果である。

　海洋放出が実施されるとして、実施後に「福島産の食品」を購入するかという問いかけでは、購入しないと答えたのは14.7％であった。放出前が13.3％だったので、海洋放出によって購入しないという人はごくわずかに増えるだけであった。しかし、購入すると答えた人たちが科学的に安全だということを理解して、安心して購入すると判断しているとはいい切れない。震災から10年たっても、安全であるという認識で「福島産の食品」を購入するという人が3割にも満たないからである。国によるリスクコミュニケーションの威力は強くなかったということである。

　とはいえ政府は、海洋放出までの間に絶え間なく、CMなども使って（そのための事業も組まれている）広報活動や丁寧なリスクコミュニケーションを進め訴えていくとした。

　安全性を訴えることは大事な事ではあるが、過去の「風評被害」といわれた事例を辿ってみると、「安全である」という政府発表が「風評」を封じ込めたという評価は見当たらない。むしろ政府発表が「買い控え」を招いたという面も強い。なぜかというと、政府発表に対してマスメディアが安全性を疑ったこ

とで、風評が助長されたからである。したがって問題はマスメディアの報道姿勢である。政府発表の内容に疑念があったり、解りにくかったりした場合、真偽を問う報道が拡大すれば「安心」が遠ざかる可能性があった（ただし、ALPS処理水の海洋放出後、マスメディアは冷静な報道を行い、安全性への疑念が拡大しなかった）。

　過去の事例を見ればわかるのだが、マスメディアに安全性が疑われると、政府が「安全」だと国民に伝えても直ぐに「安心」は戻ってこなかった。東日本大震災後、長らく国民が「心配」する状態が続いた。それまでの過去の風評被害の発生事例もそうであったが「安心」を促したのは「時間の経過」であった。時間のスケールが数ヶ月や数年で元に戻った他の事例と比べて長いが、「福島産の食品」においてもそうである。消費者庁が継続的に調査し、公表している「風評に関する消費者意識の実態調査」の結果がそのことを物語っている（図2-1）。マスメディアによる疑念が広がったあとで、科学用語を使って「安全」で「安心」だということを国民全体に速やかに浸透させるというのは簡単なことではない。

　政府がやるべきは、長い年月をかけて理解醸成を進めることであったが、国民に向けての政府対策が本格的に行われたのは2022年からである。そして2023年の春頃には海洋放出するとした。こうした政府行動からいえるのは、未だ続く「原発事故の影響」をあまく見ていたのではないだろうか。

　「ALPS処理水の安全性等に関する国内外の認識状況調査」の結果で海洋放出後に購入しないという人があまり増えないのは、海洋放出の必要性に対して理解を示したと捉えることができる。そうであるのならば、「ALPS処理水の海洋放出」の実施を国民に理解してもらうには、「ALPS処理水が安全」ということではなく、「なぜ海洋放出という手段でないといけないのか」をいうべきである。ところが政府はその論点を明快にしない。なぜそうなのか。

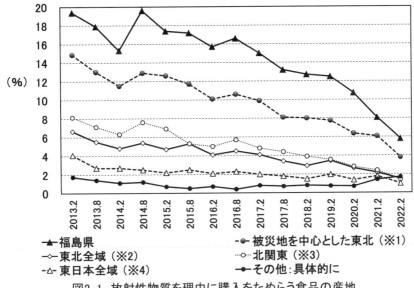

図2-1　放射性物質を理由に購入をためらう食品の産地

凡例:
- ▲ 福島県
- ● 被災地を中心とした東北（※1）
- ◇ 東北全域（※2）
- ○ 北関東（※3）
- △ 東日本全域（※4）
- ● その他:具体的に

※1 岩手県、宮城県、福島県
※2 青森県、岩手県、宮城県、秋田県、山形県、福島県
※3 茨城県、栃木県、群馬県
※4 青森県、岩手県、宮城県、秋田県、山形県、福島県、茨城県、栃木県、群馬県、埼玉県、千葉県、東京都、神奈川県、山梨県、長野県、新潟県、静岡県
出典：消費者庁、風評に関する消費者意識の実態調査

(5) 政府の判断の何が問題だったのか

　ALPS小委員会が結果をとりまとめたのは2020年2月10日であり、委員会の設置から3年半が経過していた。この間、ALPS小委員会は現地討論会なども行い、海洋放出に抵抗する漁業者の意見も聞いた。しかし、社会的影響も踏まえた処分方法の比較検討の結果は、タスクフォースとほぼ同様の内容であった。ただ、とりまとめ後、コロナウイルスの感染拡大や、それに伴う東京オリンピックの延期などにより、ALPS処理水の海洋放出の具体化はいったん先送りにされた。海洋放出の方針を決定したのは、2020年9月に安倍晋三首相から政権を引き継いだ菅義偉首相（当時）であった。

　安倍元首相が海洋放出まで「国が対策を講じる」としてから約10年、タスクフォースによる結論が出されてから約7年である。検討を長引かせたことは、政府が反対する漁業者に配慮したとも受け止められるが、漁業界の立場からす

れば海洋放出を正当化するために「漁業者の外堀を埋める」戦略と見えた。それを裏付けるかのように、政治決定から放出日決定まで約2年4か月、放出日の決定から放出日まではたったの2日であった。

　海洋放出直前にメディアが捉えた国民の反応は、「海洋放出を賛成（29.6％）」が「海洋放出を反対（25.7％）」を上回っているものの、「説明が不十分」が8割を超えた状況にあった。[*6]漁業関係者の反対が影響しているかもしれないが、これは「理解醸成に至っていない」という国民の判断の反映といえる。もし2016年、タスクフォースがとりまとめたあとに海洋放出を決断していたらどうだったであろうか。海洋放出までに7年間という期間があったので、理解醸成や国際交渉を進展させる時間ともなり得たのではないか。

　他方、「説明が不十分」という反応をその経緯から読み説くと、「トリチウムが法定告示濃度の40分の1倍になるまで薄めて放出するため、魚介藻類に及ぶ影響は極めて小さい」という「安全説」の説明の不十分さと、海洋放出の必要性についての説明の不十分さとが混ざっていると考えられる。

　それはともあれ、報道などに出てくる政府の説明は「安全だから問題ない」という主張に力点が置かれており、必要性については「タンクを設置する敷地がない」「廃炉を進める上で敷地をあける必要がある」にとどまっていた。他にも処分方法がある中で「なぜ海洋放出でなければならないのか」については説明が積極的に行われなかった。

　タスクフォースとALPS小委員会の2つのまとめに基づけば、海洋放出が選択されたのには次のような理由が浮かんでくる。放射線の影響を考えれば、5つの処分方法の中で海洋放出と水蒸気放出が現実的であり、水蒸気放出と比較すると海洋放出はかかる準備期間が短く、コストが安い。また風評被害の範囲を考えると、水蒸気放出は大気経由で地域が限定されないので農林水産物全般に及び、その他の様々な製造品や観光にまで影響が及ぶ。これに対して海洋放出は、海水経由に由来する水産物や観光・海洋レジャーなどに限定される、というものである。換言すると、海洋放出が最も放射線の影響を小さくし、早く安く、そして風評被害範囲を福島県近辺の漁業や観光業に限定できるとしたのであった。裏を返せば、「抵抗するのは漁業や観光業に絞られる」ということである。

　政府はタスクフォースとALPS小委員会が示してきた内容から海洋放出を選

択した理由について触れると、「風評被害の犠牲を漁業界や観光業に強いる」ことになるため、それには極力触れずに科学的に安全であるということを突破口にして、漁業界だけでなく国内外に向けて風評被害を防ぐ、というある種前向きな努力をする、もし風評被害が発生すれば速やかに対応するとしてきた。

　ところが蓋を開けると、タスクフォースでは34億円と見積もられていた海洋放出のコスト規模が、実際には放水のための海底トンネルの工事なども含めると590億円に達した。さらに、放出後の中国の全面禁輸措置によって、水産物価格の下落に伴う損害は福島県やその近隣県だけでなく、北海道を始め全国の水産業界に広がった。結局、タスクフォースやALPS小委員会が示したコストや想定した影響はその通りにはなっておらず、説得力のある説明も不十分なまま、政府は東京電力に海洋放出を実行させたということになる。

　海洋放出を前提にすべてを進めてきた点については、一貫性があるといえるのかもしれない。風評への影響を極力抑え込むという努力が払われたかと思うが、対中国交渉においては結果的に最も悪いシナリオに陥ってしまった。海洋放出が及ぶ想定被害を過少に見積もっていたといわざるを得ない。

⑹ 福島では「新たな風評」ではなく、今なお続く「原発事故の影響」

　政府は、風評被害が生じないような配慮は重ねてきた。しかし、海洋放出に伴う負の影響については見誤っている。そう考えるのは、政府が想定してきたのは海洋放出に伴う「新たな風評」だからである。

　「原発事故の影響」は今なお、福島県漁業の復興の足を引っ張っている。それは福島第一原発事故後に発生した深刻な海洋汚染に起因する。当時、福島県沖で捕獲されたサンプルの魚からは放射性セシウムが検出され、その後、40種以上の魚種において国による出荷制限措置がかけられた。

　福島県の漁業は1年2か月もの間、全漁業の休漁措置を実施した。その後、安全が確認された水域と魚種に限り、慎重に漁獲して出荷する試験操業の取組が行われたが、福島県産水産物は危険だという社会的認識はなかなか払拭されなかった。検査で安全が確認されていても、マーケットでは受け入れられなかったため、漁獲量は徐々にしか増やせなかった。その期間に失われた需要はなか

なか取り戻せなかった。その状態を「風評被害」と表現するかどうかは別として、その間に他産地の需要が伸びて福島産水産物の取引は後回しとなったのである。水産物には時期や魚種、産地などによって、産地間競争の結果としての序列がある。その序列から転落した福島産は負のブランドを背負い、産地銘柄が劣後したのであった。被災した他県よりも復興が出遅れ、福島沿岸の漁業生産量は2022年にようやく震災前の20％を超えたところであった（図2-2）。

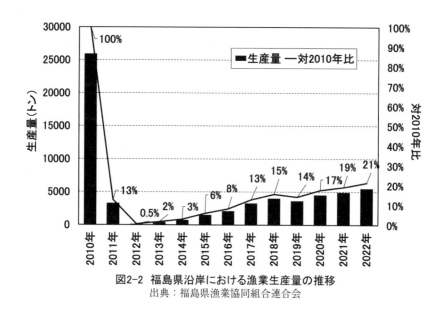

図2-2　福島県沿岸における漁業生産量の推移
出典：福島県漁業協同組合連合会

　現在では、福島産が買い控えられているという段階ではなくなったものの、水産加工業など産地の流通機能が弱まり、需要開拓が進んでいない魚種が大量に水揚げされると容易に値崩れをすることから、需要を見込んでの産地体制をとってここまできた。すなわち、風評被害によって回復できていないのではなく、原発事故による海洋汚染が影響して、復興が遅れて、回復できないのである。人手不足やトラック不足が深刻化していることも影響している。今後、漁業から加工流通まで含めた産地機能全ての総合的な改革が必要であり、国としては「新たな風評」以上に、いまだ癒えぬ「原発事故の影響」とどう向き合い対処するかをこの機会に考えるべきであった。だが、「風評の影響」に関わる

努力以外は行われなかった。

　ところで「風評被害」というと、消費者が加害者かのような話になる。しかし、消費者には食材を選ぶ自由がある。消費者に供給する流通業者には仕入れる商品を選ぶ自由がある。食材や商品を選ぶときに、ネガティブなストーリーがそこに付随していればどうであろうか。もちろん、科学的に安全だと聞かされて安心して購入する人、仕入れる業者もいれば、科学的に安全だといわれても他に代替するものがあれば手にしないということもある。消費者にとっては食べたいから食材を選ぶのであって、そこにネガティブなストーリーがあれば選ばないだけである。流通業者からすれば、消費者が当該商品を積極的に選ぶ理由があれば仕入れるが、「選ぶ理由」がなければ、消費者よりも先回りして仕入れないだけである。

　今般の海洋放出後は、原発事故後と逆の現象が見られる。ひとつは新聞・テレビなどの主要メディアが水産物への安全性（政府公表）について疑わず、危険性を煽らなかったこと。もうひとつは中国の全面禁輸措置が公表されて、国民が漁業者に寄り添うような熱が高まったことである。この状況が「選ぶ理由」となり、福島産水産物や北海道のホタテガイなどへの「食べて応援」が拡大した。しかし、この熱がいつまで続くのかは想定できず、応援熱が冷めたときの反動も恐い。さらに「食べて応援」で他の食材がその分販売を失うとなると、手放しには喜んでいられない。応援されている当事者も素直に喜べない。では、ALPS処理水の海洋放出前、風評は払拭されていたのだろうか。

　先に示した消費者庁の「風評に関する消費者意識の実態調査」によると、福島産食品の購入をためらう消費者は2014年には20％近くであったが、2022年には6％程度まで減っている。時間経過の中で海洋汚染の記憶とそれによる心配が薄れてきたのであろう。それでも買い控えするという人がいなくなったわけではないので、風評を払拭できたとはいえない。

　福島産の魚の価格の動向を見ると、新型コロナの感染拡大を挟んだこともあり、明確な結論は得られなかった。ただ2022年になって、「常磐もの」と呼ばれ、好評を得ていたヒラメなどの取引価格は良好であった。その他も特段価格への影響が出ていないと見られた。

　筆者は、2016年頃に震災後に福島産水産物の流通事例を調べて、風評の影響が価格にどのように表れるかを分析した。[*8] その結果、価格への影響はロジック

として組み立てることはできても、定量的に表すのは無理であるとしてきた。市場価格（相場）は水物だからである。競合している他産地の供給状況や、円レート（円高だと輸入が増え、円安だと輸出が増え安定）、在庫状況、更に魚のサイズや品質に大きく影響する。つまり、風評の影響だけを示すことはできない。ただ、傾向としていえるのは、他産地が豊漁だと福島産の販売は低調である一方、他産地が不漁だとその需要を福島産が埋めて好調になる。好評の局面を捉えて風評の影響がなくなったといいたいところだが、そうはいえない。他産地が豊漁でも、福島産が震災前のように販売できたときにはじめて風評の影響がなくなったといえる。したがって、原発事故の影響から復興できず、震災前の20％程度しか回復していない状況では風評の影響は確かめようがない。

　ともあれ、海洋汚染といったネガティブなストーリーが商品につきまとうと、たとえ魚を食するのに科学的に安全であることが確認されていても、買い控えは起こりうる。だが、それを風評被害と断定するのは困難で、価格が落ちこんだ場合、因果関係が風評以外の要因だと明確にならない限り、「風評の影響」はないともいえない。

　それでも海洋放出が行われるのなら、漁業者らは風評の払拭を政府に「お願い」するしかない。政府はALPS処理水の安全性についての情報を出し続けなければならない。しかし、海洋放出による「風評の影響」は存在するかどうかはわからず、漁業者や水産関係者は販売不振に陥ったとき「風評被害」だと叫ぶしかなくなる。そして政府はその状況をコントロール下に置くことはできず、正常化することはできない。それは価格がマーケットの力学によって動いているからである。

⑺ 政治の責任を漁業者に転嫁している

　2023年春にALPS処理水の海洋放出を始めたいとした政府決定は、「理解」を得られなくても海洋放出を実施するというメッセージだと、多くの漁業者は受け止めた。「何をいっても時期が来れば海に流されてしまう」と思わされたのであった。

　ALPS処理水の海洋放出は、何度も話を聞かされているゆえ安全性に問題はないと、漁業者も頭では理解している。しかしALPS処理水は、燃料デブリに

触れた高濃度汚染水に由来するため、どうしても海に流すことに抵抗感が拭えない。特に国民への理解醸成が進んでいないことへの不安感が強かった。

その背景には、年に1、2度ぐらいというごくわずかな頻度ではあるが、放射性セシウムの基準値を超えたクロソイなどが見つかる、ということがある。クロソイは現時点でも、出荷制限指示の対象魚種である。それらは福島第一原発構内の港湾内で汚染したと考えられているが、特定はされていない。たとえALPS処理水の放出との因果関係がはっきりしていなくても、ALPS処理水の放出後にそうした魚がこれまで以上に見つかり出すと、放射性セシウムが漏れているのではないかと疑う人も出てくるだろう。

漁業者はALPS処理水の海洋放出をめぐって、以上のようなことも含めてさまざまなことを想像してしまう。風評の発生は怖い。この心境は海で生業を成り立たせてきた漁業者、あるいはそれを販売している水産流通業者にしか分からないだろう。

さらに漁業者は、海洋放出を容認すれば「海を売った」「カネで手打ちしたのか」といわれかねないし、容認しなければ「補償をもらうためにごねている」「廃炉に協力せず国益を損ねる行動をとっている」といわれる。海洋放出の反対を声高にいうと海洋放出後「自ら風評を誘発している」ということにもなる。いずれの判断をしても漁業者は苦しい立場にある。

実は海洋放出で紛糾したのは、ALPS処理水対策だけではない。福島第一原発構内の地下水の海洋放出についても、過去に2回紛糾したことがある。陸側から原発に近づく地下水を汲み取って海に放出する「地下水バイパス計画」（2014年5月21日実施）と、原子炉建屋に入る直前の地下水を汲み上げて同様に流す「サブドレン復旧計画」（2015年9月14日実施）をめぐってである。

いずれも東京電力の職員が福島の浜を回り、怒号が飛び交う中、膝をつき合わせて説明を何度も繰り返したことで漁業者は納得した[*9]。いずれの計画も、県内全体が容認に至るまでに1年以上の時間を要している。それだけ東京電力に対する、漁業者の不信感が強かったということである。容認に至った決め手は、海洋放出する地下水が安全だったからではなく、これらの計画が廃炉過程で重要なポイントとなる汚染水の発生量の抑制に必要な対策だった、ということである。

海は誰のものでもない。そのこともあって、海の利用をめぐっては利用者の

合意形成が重要となる。もちろん、これは法律に記されたものではないが、禍根を残さないためにも重要視される。

　業界の代表者と手打ちするだけで海をいじってはならず、関わる漁業者それぞれが腹に落ちるまで話し合いをするというのが漁業界の常識である。それゆえ合意形成には時間・コストがかかるため、なんでも案件にするわけにはいかない。そのことから、かかる計画が危険性の低い地下水の放水であっても、福島県漁連が簡単には受け入れなかったし、受け入れた後には関係漁業者の承認を得るまでに多大な時間を要したのである。

　ALPS処理水の海洋放出については、福島県の漁業者だけというわけにはいかない。県外の漁業者の理解も得る必要がある。福島県の漁業者だけが容認すれば、他県の漁業者との分断を招くからである。漁業者の数は福島県だけなら800人程度だが、県外の漁業者を含めると1万人以上になる。その数の漁業者を説得するとなると、1年ではすまない。だからといって、全漁連会長をどれだけ説得しても簡単に応じない。

　経済産業省は呼ばれたら浜まで説明に行くとし、説明会は幾度となく行われたが、会場に漁業者を集めて機械的な説明をただ繰り返すだけであって、狭い空間の中で漁業者と接近して向き合って話し合うということはしなかった。地下水バイパス計画などの交渉と比較すると、その対応は説得に本腰を入れたようには見えなかった。関係者の理解なしでは如何なる処分もしないとしながらも、海洋放出の時期を決めるというダブルスタンダードの状態は、放出までに「理解しない漁業者が悪い」という無言の圧力でしかなかった。

　国策として進めるというのなら、漁業者の立場をよく理解し、社会に亀裂を発生させないようにするのが国の責務であるはずだが、理解を得られるような対応を政府はしているのだろうか。「海洋放出」をめぐる混乱は国に責任がある。政府はそれを抵抗する漁業者に責任を転嫁するような形にし、最後まで「漁業者に決めさせる」という態度を貫いた。形式的にのみ「漁業者の理解」を求め、国策の決定が漁業者の賛成・反対にかかっているかのような構図をつくることで、国は責任を回避してきた。

　岸田文雄首相は2023年8月22日、全漁連の坂本雅信会長はじめ全漁連幹部と向き合って、処理水の海洋放出の決定を伝え、国が全責任を負うとした。坂本会長は、科学的安全性については漁業関係者らの一定の理解が進んだが、科学

的安全性と社会的な安心は異なるものであるとし、海洋放出による風評被害に対する懸念を示した。また、漁業者、国民の理解を得られていないと海洋放出反対の姿勢を崩さなかった。

　それでも岸田首相は、漁業関係者から安全性について「一定の理解を得た」とし、8月24日の海洋放出の実施を決断したのであった。対する全漁連や福島県漁連の両会長は「廃炉が終わった時に、漁業が継続できていれば初めて理解できたとなる」と、政府と漁業者の間の「理解」の意味合いの違いを指摘した。両会長は「政府との約束は破られていないが、しかし果たされてもいない」とコメントし、30年以上かかるとされている海洋放出がもたらす負の影響について、本来その責任はすべて政府にあるということを暗示した。

⑧ 禁輸措置で苦しむ水産業界への対策は万全なのか

　政府は、輸出拡大を軸に水産業を成長産業にするとしてきた。そして福島県の漁業やその周辺に風評被害が限定できるとして、ALPS処理水の処分方法として海洋放出を選択した。しかし、結果として中国の日本産水産物輸入全面禁止、香港、マカオの10都県産の水産物の輸入禁止を招き、海外需要を大きく損なうことになった。輸出主要産品のホタテガイやナマコ調整品の販路が閉ざされたままである。また10月16日には、ロシアも中国に同調して日本産水産物の禁輸措置を公表した。さらに禁輸措置をとっていない韓国、台湾などへの輸出も放出後、減少に転じている。シンガポールなどでも日本食寿司需要が縮小した。漁業者や水産関係者にとっては、販売不振への対応を考えながらも、東京電力への賠償請求が課題になっている。

　政府は、2021年末に風評対策として創設した300億円基金、2022年末に漁業者への支援対策として創設した500億円基金、そして中国の全面輸入禁止を受けて慌てて積み上げた207億円を加えて「水産業を守る」政策パッケージとした。しかしこれは風評被害や輸出先の喪失などに、自力で取り組む漁業者団体や事業者に対して部分的に資金を供給するもので、被害への補償ではない。しかも風評対策の中には、学校給食や社食などへの販売に補助金を提供するという民業を圧迫するものもある。こうした支援策はホタテガイの取扱事業者にとっては有り難い事業であるが、他の給食や社食への納品業者の売上げを奪う

ものであって、マーケットを歪めるという副作用が生じる。被害は2次被害、3次被害と及ぶゆえ、欠点を抱えた支援策である。

　被害を受けて損害を被ったのならば、その漁業者や事業者は東京電力に賠償請求するしかない。政府の対策基金を活用する場合でも、東京電力へ賠償請求も行う場合も、受けた損害を自ら証明しなくてはならない。特に賠償請求の場合は、損害額を自ら証明しなければならない。漁業者の場合は団体交渉の枠組みがしっかりできあがっているが、その他事業者においては個別の交渉となる。先にも触れたように、風評による損害額を算出するのは難渋である。賠償をめぐっては沢山の案件でこじれて長期化する恐れがある。しかも、これら交渉にかかる負担・コストは被害者が支払わなければならない。賠償に至るまでに、資金回収ができず廃業に向かう事業者も出てくる可能性がある。海洋放出を選択した「負（何も生み出さない）」のエネルギーの浪費と海洋放出に対する憎悪の増幅はこれから始まる。

　岸田首相は「国が完了まで全責任を背負う」といい、西村康稔経済産業大臣は「今後も漁業者に寄り添って対応する」といったが、実際は努力するものしか応援しない、上から目線の対応となっている。せめて資金繰り悪化による倒産を防ぐための緊急対策資金の融資枠（金利ゼロ、無担保無保証）を創設する必要があると考えるが、そのような動きはない。

(9) 廃炉と国家のあり方の関係が問われている

　確かな廃炉への道筋が示されないまま、海洋放出は水産業界に混乱を押しつけた。それでも廃炉が進めば救われるが、そうはならない。残念ながら廃炉プロセスで重要なのは燃料棒が溶け落ちたデブリの回収・処分である。

　この作業は難航しており、未だ880トンもあるデブリは1グラムも回収されていない。廃炉プロセスの肝心なところは進んでいない。そして廃炉プロセスの枝葉にあたるALPS処理水の「海洋放出」は、その作業を加速させるものではない。

　廃炉というゴールは遥か遠くにあり、海洋放出そのものは、そのことに直接貢献しない。一方報道によると、中国とロシアは日本政府に対して大気放出の検討を要求していたという。[*10]大気放出あるいは水蒸気放出を選択していたなら

どうなっていたのか。海洋放出に伴う混乱と引き換えに本当に国益をもたらしたのか。この選択は本当に正しかったのか、改めて問う必要がある。

　それにしても腑に落ちないのは、東京電力という私企業に運営を任せているという点である。意思決定や社会的影響に対する対策は国の責任であっても、廃炉運営の責任は未だ東京電力にあり、全ての責任を国が引き受けていない。私企業は利益を出すために事業活動をする。この動機が失われている廃炉作業という事業を続けさせているから、「海洋放出」という安易な考えができたのではないか。

　廃炉が早く進むことは誰もが望んでいる。そのような観点からも、廃炉と国家の関係の在り方が問われている。

　本論は文献＊11〜＊14もふまえて執筆した。

参考文献と注

＊1　全国漁業協同組合連合会、東日本大震災記録誌、107頁、2023年3月.

＊2　朝日新聞、2014年12月25日朝刊.

＊3　筆者はALPS処理水の海洋放出を閣議決定した後に北海道新聞（2021年4月22日朝刊）の取材に対して「再び各国に輸入制限の措置が広がる可能性が高い」と言及した。また同じく北海道新聞（2023年1月9日）に対して「海洋放出に反対する中国が政治的な思惑を絡めてホタテの輸入を禁止すれば、北海道の漁業は甚大な打撃を受ける。加工、流通など関連産業にも影響が出る」と話した。輸入制限措置が発動されないような外交努力をすべきだ、という意味で警鐘を鳴らしていた。

＊4　https://www.reconstruction.go.jp/topics/main-cat1/subcat1-4/20220426_07_shiryou4.pdf、2023年11月30日閲覧.

＊5　https://www.caa.go.jp/policies/policy/consumer_safety/food_safety/food_safety_portal/radioactive_substance/assets/consumer_safety_cms203_230306_02.pdf、2023年11月30日閲覧.

＊6　共同通信社、2023年8月19-20日の調査.

＊7　北海道新聞、2023年8月24日朝刊.
　　東京電力の記者会見において記者からの質問に対する答えた金額。

＊8　濱田武士、「ALPS処理水の海洋放出」の政治決定をめぐる諸論点―原子力災害からの政府と漁業界の動向を踏まえて、**経済論集**、第70巻、第2号、1-68頁（2022）.

第10章「風評」と震災に伴う市場構造の変化」に記載。

＊9　2016年上映の山田徹監督製作「新地町の漁師たち」がその場面をドキュメント捉えている。

＊10　日本経済新聞、2023年8月20日朝刊.

＊11　濱田武士・小山良太・早尻正宏、福島に農林漁業をとり戻す、みすず書房（2013）.

＊12　濱田武士、海洋放出を漁業者は認めない、**水産振興**、第57巻、第2号、3-27頁（2023）.

＊13　濱田武士、「ALPS処理水の海洋放出」政策にある不備を検証する―問題は「新たな風評被害」だけなのか、**現代思想**、2023年11月号.

＊14　濱田武士、なぜ、海洋放出だったのか−遠ざけられる漁業復興、**世界**、2023年12月号.

第3章
福島県民は海洋放出をどう受け止めたか

第1節　マスメディアはどうあるべきだったのか

　東日本大震災の起きた2011年3月、筆者はTBSをキー局とする福島県のローカルテレビ局に勤務していた。発災時は編成部長だったが翌春報道部長、その3か月後に報道局長となり、2016年春に定年まで2年を残し、当時全村避難が続いていた飯舘村の職員に転職した。

　復興の端緒に着いたばかりの自治体の業務は多忙で、転職以降は取材に類するものは一切行っていない。そのため、これからの文も「福島に住む一個人の思いであり、決して福島を代表するものでもない」かなり情緒的なものになることをあらかじめお断りした上で、お許しを願いたい。

⑴「最後まで残る問題は甲状腺がんとトリチウムだ」

　2013年、多核種除去設備（ALPS）の運用が始まる頃、報道現場の記者たちに「最後まで残る問題は小児甲状腺がんとトリチウムになるだろう。きちんとした報道ができるよう、それぞれによく勉強しておくこと」と口癖のようにいっていた。

　小児甲状腺がんについては、福島県が発災当時県内に住んでいた15歳以下の県民を対象にした「甲状腺検査」において、従来の「がん統計」を大きく上回る割合でがんが見つかり始めていた。[*1]筆者の勤めるテレビ局のニュース番組では、「甲状腺がんには穏やかで生命にかかわらないものも多く、今回の検査はそれを掘り起こしているのではないか」との特集を放送し[*2]、のちに問題となる「過剰診断」（決して症状が出たりそのために死んだりしないのに、病気であると診断

すること)の可能性を示唆した。

　一方、トリチウムについて。福島県民にとって放射性物質(多くの人は「放射能」と呼ぶが)は震災・原発事故以降最大の関心事であった。だが、それまでに県民が耳にする放射性物質の名前は「セシウム」「ヨウ素」、たまに「ストロンチウム」、ごくたまに「プルトニウム」くらいであり、「トリチウム」は初耳で「またわけ分かんねえ放射能出んのか」と未知の恐怖を感じた県民が多かったと思う。筆者のテレビ局では、トリチウムの放射線のエネルギーはごく低いものであること、これまでも原発の通常運転で放出されており、西日本に多い加圧水型炉の原発では年に100兆ベクレル(Bq)程度流されたこともあること、韓国やカナダで運用される重水を使ったCANDU炉はさらに多量のトリチウムが発生することなどを伝え、決して「未知の放射性物質ではない」と報道した。

　筆者が報道に当たる上で何よりも大事にしたのは、「まず対象を知ろう」ということだった。甲状腺がんとはどんな特徴を持ったがんなのか、トリチウムとはどんな放射性物質なのか、まずそれらを知り、視聴者が予断のない冷静な判断のできる環境を整えることが、報道に課せられた役割だと考えていた。それを「欠如モデル」と呼ぶ向きもあるかもしれないが、対象を知らずに正しい判断ができることの方がよほど稀であり、ただの幸運ではないかと思う。

(2)「ちょっと左寄りがマスメディアの中立」

　筆者が報道記者となった頃、上司から度々いわれたのが「ちょっと左寄り、という位置がマスメディアの中立だ」という言葉だ。あわせて「政府や行政、大企業などの権力を監視することがメディアの役割だ」ということも頻繁にいわれた。筆者が知る他社の記者らのスタンスから見ると、恐らくほとんどの報道機関で同じような指導を行っているのではないかと感じる。そしてそれは正しい側面を変わらず持っているし、これからも保つべきものだ。だが震災と原発事故を経て、マスメディアにはこれに劣らない、いやこれを上回る重要なスタンスがあるのではないかと考えるようになった。

　それは「明日が今より少しでも良いものになるように」と常に意識し、その価値観に立って報道することだ。あれだけの不幸に見舞われた被災地の未来

が、これ以上悪くならずに、今より少しずつでも良いものになるように、自分たちがどう役立てるかを記者たちと模索した。

　あの当時のマスメディアはどうだったろうか。筆者が憤った他社の記事を二つだけ上げておきたい。

　一つは2013年、田村市都路地区の避難指示解除に向け、行政側が個人線量のデータに基づき説明したのに対して、「空間線量の推計値に比べ、数値が低く出やすい個人線量計のデータを集めて避難者を安心させる」「意図的に低くなるよう集められたデータは信用されるだろうか」と書いた記事だ[*3]。いうまでもなく一番重要なのは、実際にどれだけ被曝するのかということであり、外部被曝の実効線量に最も近いのは個人線量計の数値である。行政への不信を増大させ、不安を煽る内容と感じざるを得ない。

　もう一つは広野町の国道6号線で2016年に行われた清掃活動を、「被ばく清掃」と書いた週刊誌の記事だ[*4]。記事は土のセシウム（Cs）量を測り、吸入による内部被曝の危険性を煽るものだったが、研究者がダストサンプラーで大気を測ったところ、Cs134・Cs137ともN.D.（低い値のため検出できない）であり、「被ばく清掃」とは大きくかけ離れた状況だった。

　これらの記事のみならず、当時は「センセーショナリズム」を前面に出した報道が主流だったと思う。筆者も「福島市で1年ぶりに屋外で実施された運動会」を全国に放送した際に、キー局のデスクから「マスクの画面がない。マスクをして運動会をする異常さがなければニュースにならない」といわれた経験がある。

　警鐘は重要である。原発のあり方に警鐘を鳴らす意見には、賛同することも多い。それらにより重大な事故や人的被害を回避できることも少なくないだろう。しかし、ひとたび事が起こってしまった緊急時では、「これ以上悪くしないには」「明日を少しでも良くするには」という視点が報道には求められると思う。震災から13年目の今も、まだ平時ではない。

⑶ 「自分は理解しているが」なのか

　今年8月24日にALPS処理水の海洋放出が始まった。この後に行われた報道各社の世論調査結果を見ると、朝日が「海洋放出を評価する」が66％・「評価

しない」が28%、毎日が「評価する」49%・「評価しない」29%、読売が「評価する」57%・「評価しない」32%で、いずれも「評価する」が上回っている。朝日の調査は毎日・読売よりも3週間程度遅い時期に行われたものであり、その間に理解が進んだのか、それとも外交のカードとして日本産の水産物を禁輸した中国への反発が現れたものかもしれない。また、産経とFNNの行った調査では、福島の水産物について「安心」「どちらかと言えば安心」が77.4%、「どちらかと言えば不安」「不安」が20.9%だった。これらを見ると、ALPS処理水の放出とその影響に対する国民の理解はかなり進んできたかのように感じる。

　しかしながら、放出直前に共同通信が行った世論調査では、88.1%が「風評被害の発生」を懸念していた。わずか1週間程度の間を置いただけのこれらの調査結果に、筆者はどことなく違和感を覚える。その間に実際の放出が始まったにせよ、だ（放出前の時点で、既に多くの世論調査で「放出賛成」が「反対」を逆転する結果が出ていた）。筆者の私見ではあるが、多くの国民に「自分は放出について理解しているが、他の人はそこまで理解していないのではないか」との思い込みがあったのではないだろうか。そう思わせるような空気が醸成されていたのではないか。「風評被害は起きるはず」という空気を作った一つの要因には、それまでの報道もあったのではないか。

　今のところ国内で目立った風評被害が起きていないことは、幸いだ。福島産の水産物についてはむしろ応援の気運すらあり、水産物を返礼品にしたふるさと納税が増えたり、さまざまな所で販売促進のキャンペーンを行われたりしていることは、福島県人の一人として心から感謝している。願わくはこれが一過性のものに終わらないことを期待したい。

　一方で、中国をはじめとする禁輸措置については、政府は毅然とした外交で臨むとともに、その影響を受けている漁業者や水産業者に、迅速かつ十分な対応を行わねばならないことはいうまでもない。

(4) 政府はボタンを掛け違えていなかったか

　政府と漁業者の会合や説明会が開かれたという報道を見るたび、いつも二つの疑問が頭をよぎっていた。一つは「これは話し合いなのか、単に漁業者を説

得しようとしているだけではないのか」ということで、もう一つは「漁業者だけ説得してもダメなのではないか」ということだ。

　漁業は生業だ。獲った魚介類が売れることで初めて生活が成り立つ。買うのは消費者だ。この消費者の理解を深めるために、政府はどれだけアプローチして来ただろうか。筆者の認識では、「トリチウム君」と呼ばれるようになるキャラクターをチラシに使い、「放射性物質をゆるキャラにするのは不謹慎」と非難された2021年春以前[*10]には、消費者向けの働きかけはほとんど見られなかったように思う。

　冒頭にも書いたが、ALPSが正常に稼働すれば、放出で問題となるのはトリチウムだけだということは2013年に分かっていたことだ。本来ならこの時点から政府は消費者に対してアプローチし、漁業者と消費者、そして政府（もちろん東電も）とお互いの理解を深め合いながら、一つひとつ問題をつぶしていくべきだったと考える。それぞれの不信感がぬぐい切れないままにここまで来てしまったのは、政府のボタンの掛け違えがあったのではないか。先に書いたように「政府等権力の監視が報道の役割」であるのなら、マスメディアもそうした政府の対応の不備こそ指摘するべきではなかったか。

　漁業は生業だ。大漁を喜び、誇りと自信を持って子や孫に継げるものでなくてはならない。そうしたものにするために政府は、漁業者の説得ではなく、消費者のさらなる理解を求めることに今後の力を傾注するべきだ。

⑸ 情報の開示と監視こそが必要

　この本の他の章を読まれた読者はもう納得されていることと思うが、ALPS処理水が現在の方針の範囲内で放出されれば、人の健康に影響を及ぼすことはまずあり得ない。放射線によるDNA鎖の切断にせよ、有機結合型トリチウム（OBT）の影響にせよ、要は自分の取り込む量に依存する。摂取できる飲食に限りがある以上、結局は「濃度」の問題となる。トリチウム1リットル（L）当たり1500Bq（1500Bq/L）未満という放出濃度が厳格に守られる限り、私もあなたも健康を害することはない。

　その前提として必要なことは、まず監視である。トリチウムだけでなく、他の放射性核種も二次処理でちゃんと告示濃度比の総和（第1章第1節参照）が1

を下回っているかをしっかりと監視し、常に明らかにせねばならない。万が一トラブルがあった場合は、放出を直ちに中断してその原因を明らかにし、対応が終了するまでは放出を再開させてはいけない。

今年7月に福島を訪れた国際原子力機関（IAEA）のグロッシ事務局長は、「処理水の最後の1滴が安全に放出されるまでIAEAは福島にとどまる」と強調した[*11]。また、放出に反対する中国やロシアが、放出の状況を調べる機会を設けてもいいのではないかと思う。科学者である以上、同じものを見るはずだ。

まずは全てを開示していく姿勢と、それを監視する複数の目が何よりも重要だ。

(6) おわりに

いまだに発災当時の夢を見ることがある。震災翌日12日の1号機の爆発について、原子炉が水蒸気爆発を起こしたのではと怖かったこと。建屋内の水素爆発と聞いて胸を撫で下ろしたこと。15日早朝の「圧力抑制室付近で異音」の報にまた震え上がったこと。夕方から福島市の線量が上がったが、午後7時の24.2マイクロシーベルト毎時（μSv/h）を最高値として下がり始めた時、「あ、これで終わりなのか、みんな助かった」と思ったこと。昨日のことのように思い出せる。

それからしばらくは、福島県民を不安に陥れるデマや極端な情報との戦いだった。それらはSNSなどにとどまらず、前述したようにマスメディアの報道にも見られた。

DNAの損傷はがんを引き起こす。放射線は確かにDNA鎖を切るが、切断の要因は放射線だけではない。活性酸素は大きな要因の一つであり、不安から来るストレスは活性酸素を増大させる。当時、医師の友人と「このままでは、デマによって福島のがんが増えてしまうのではないか」と話したこともまた昨日のようだ。

前述したように、ALPS処理水放出による目立った風評被害は、今のところ国内では見受けられない。報道も現時点では冷静に事実のみ伝えているようだ（SNS等では相変わらず荒唐無稽な話が跋扈しているが）。

このまま落ち着いて事態が進み、理解が深まり、漁業者にも消費者にも「今

より良い明日」が来ることを願ってやまない。

参考文献

＊1　福島県「県民健康調査」検討委員会、県民健康調査「甲状腺検査」の実施状況及び検査結果等について、2013年6月5日開催資料.

https://www.pref.fukushima.lg.jp/uploaded/attachment/6445.pdf、2023年12月5日閲覧.

＊2　テレビユー福島、スイッチ！、2013年6月18日.

＊3　毎日新聞、記者の目、2013年9月5日.

＊4　女性自身、原発間近で"強行"された被ばく清掃 − 主催者女性は放言連発、2016年10月30日.

https://jisin.jp/domestic/1625156/、2023年12月5日閲覧.

＊5　朝日新聞、処理水放出「評価する」66％「しない」28％ − 朝日世論調査、2023年9月18日.

https://www.asahi.com/articles/ASR9K76RMR9GUZPS00D.html、2023年12月5日閲覧.

＊6　毎日新聞、処理水放出「評価」49％　説明は「不十分」60％ − 毎日新聞世論調査、2023年8月27日.

https://mainichi.jp/articles/20230827/k00/00m/040/054000c、2023年12月5日閲覧.

＊7　読売新聞、処理水放出「評価する」57％ − 読売世論調査、2023年8月27日.

https://www.yomiuri.co.jp/election/yoron-chosa/20230827-OYT1T50116/、2023年12月5日閲覧.

＊8　産経・FNN合同世論調査、福島県産水産物「安心」地元東北最多の46.0％、2023年9月18日.

https://www.sankei.com/article/20230918-IIRJGZPVONMSXKI5SKCODJ246M/、2023年12月5日閲覧.

＊9　共同通信、処理水風評被害に88％が懸念、2023年8月20日.

https://news.yahoo.co.jp/articles/f781855fc208a9bef903849c9313a80422cc5cc4、2023年12月5日閲覧.

＊10　朝日新聞、「トリチウム」をゆるキャラ化?　復興庁・批判受け削除、2021年4月14日.

https://www.asahi.com/articles/ASP4G74WCP4GUTIL03F.html、2023年12月5日
閲覧.

＊11 産経新聞、IAEA事務局長・福島第1原発視察 処理水設備を確認、2023年7
月5日.

https://www.sankei.com/article/20230705-GOXUF5ZPN5OO3FO6DTW5OPXCU
Q/、2023年12月5日閲覧.

第2節　一人の農業研究者からみた海洋放出

　「福島県民は海洋放出をどう受け止めたか」というタイトルを頂戴した。筆者は福島県在住ではないので、福島県民がどう受け止めたか、ということはこの章の他のお二人に委ねるほかない。筆者は福島県相馬郡小高町（現在の南相馬市小高区）生まれである。小学校では原発の構造を描いた下敷きも配られていたし、中学校には東電学園の勧誘も来た。浪江小高原発の誘致活動も記憶にある。進学で福島を離れ、福島県庁に畜産職として採用された後、縁あって2016年から東京農業大学で農産物のマーケティングを専門分野として仕事をしている。

　本稿における私の役回りとして、浜通り出身の一人の農業研究者として、これからの福島の農業に対する思いを情緒的になるかもしれないが書こうと思う。

(1) 福島の農業と個人的な震災経験

① コメから見える福島の農業

　福島県において農林水産業は、いうまでもなく重要な産業である。2010年には生産量が全国上位のコメ・キュウリ・トマト・アスパラガス・モモ・日本ナシ・リンドウ・福島牛・地鶏・ナメコ・ヒラメの11品目が「ふくしまの恵みイレブン」に指定され、振興が図られている。

　福島県の農業産出額の推移を図3-2-1に示した。高度経済成長に伴って拡大してきた農業産出額は、1985年の4002億円をピークとして減少傾向である。その後、全国指数が比較的高い水準にあった間も福島県においては米価の低迷に伴って農業産出額は減少傾向であり、震災前は2500億円をやや下回る水準で推移していたため、福島県行政においては農業産出額2500億円の回復が意識されていた。農業産出額の内訳をみると、コメが4割程度と高く、果物の割合も比較的高いといった特徴がある。

　こうした特徴をふまえながら農業産出額を高めるために、いかに価格の低迷するコメを脱するか、という戦略が模索されてきた。そして振興された部門が

園芸であり、品目ではキュウリ・トマト・モモ・ナシ・アスパラガス・リンドウが多く生産されている。しかしながら、2011年の震災で大きく落ち込んだ農業産出額は、回復基調にあるとはいえ、全国の動きと比較すると震災前の水準には回復していない。稼げる農業への転換が求められているといえよう。

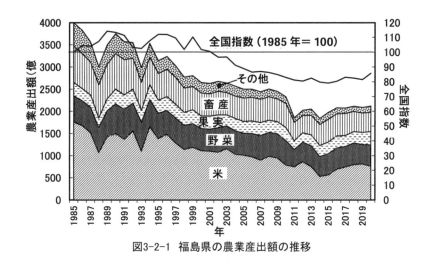

図3-2-1　福島県の農業産出額の推移

　多様な農業が展開される一方で、福島県は県としてのまとまりがなかった産地でもある。例えばコメは、福島県の農業産出額の4割程度を占めており、収穫量が全国7位であるにもかかわらず、ロットのまとまりとしては他県産に対して十分な競争力を持つに至っていない。会津・中通り・浜通りの3地方で品種によっては篩の網目の統一もできておらず（つまり品質の統一ができず）、「ふくしまの米」は掛け声どまりになっていた面もあったのである。

　福島県のコメは中通りや会津に、喜多方市・湯川村・大玉村・須賀川市・玉川村といったとくに食味が良いといわれる産地がある[*1]。流通に目を向けると、購入業者が北関東から白河・郡山を経由して会津へ抜けていくルートが、昭和の時代からあったそうである。そうした産地では、農協系統ではない商系への出荷の割合が多く、JAが独自にコメを買い取るなどの特徴的な取り組みも見られていた。農業者から見ると、多様な売り先があったのである。

　そうしたコメの流通から取り残されていたのが、東京電力福島第一原発事故（東電原発事故）の影響を強く受けた相双地区のコメである。震災が発生する前

の浜通りの農業のテーマを一言でいえば、脱コメということができる。「コメが売れない」産地であるが故に、冬期も比較的温暖で降雪も少ない特徴を活かすべく、浜通りにおいては園芸を振興するグリーンベルト構想が施策的に進められており、園芸の振興に併せて、加工・業務用野菜の取り組みも模索されていた。

② 福島の農業試験研究と筆者が取り組んだこと

浜通りの農業のもう一つの特徴として、特に双葉郡で有機農業が推進されていたことがあげられる。筆者は郡山市にある福島県農業総合センターで試験研究に就いていたが、県の試験研究における大きなテーマの一つが有機農業であり、当時の佐藤栄佐久知事のトップダウンによって、ポスト原発の産業として位置づけられた[*2]。東電原発事故によって大きな影響を受けた双葉郡は、多くの有機農業の実証圃が作られていた土地だったのである。浜通りは畜産も盛んであり、かつて馬産地であった阿武隈山系では和牛の繁殖が、標高の低い土地では酪農が盛んに営まれ、これらもまた地域の農業を特徴づけていた。

筆者自身が担当していたのが、加工・業務用野菜の経営への導入であった。わが国の野菜のおよそ半分は加工・業務用として消費されるため、その出荷先を無視してしまうと市場の半分を捨てることになる。震災後、農産物の用途として、「業務用として使われてしまっている」という言説もあった。ところが、契約によって取引されることの多い業務用の導入は、経営の安定のためにむしろ積極的に進めることも考えられていたのである。

さらに浜通りは、相馬原釜や請戸の漁港から水揚げされる豊かな「近海もの」にも恵まれ、山で取れたイノハナ（コウタケの方言）やタラノメといったキノコ・山菜が食卓に並ぶ食生活のあった土地でもあった。2011年3月11日、筆者は午前中に南相馬市原町区渋佐にいた。当時、業務用野菜を取り入れている農業法人の経営調査をしており、経営者に年度末の挨拶を済ませて郡山市の職場に戻ったところで、あの揺れが始まった。

それまでも福島県が育成した新品種のブランド化というマーケティングの研究をしていたこともあり、震災後は、福島県産農産物をどうやって売るか、という課題に全く違う方向性で取り組むことになった。とはいえ、そんなことを考えられるようになるまでには時間がかかった。まずは、放射性物質が農地土

壌にどの程度あるのか、また、それが植物体に対してどれだけ移行するのか、作業者が安全に農作業をするためにはどうすればよいのか、といった研究が優先して取り組まれており（当時、「福島のコメ農家はサリンを作ったオウム信者と同じ」といったヘイトも所内では話題になっていた）、農業経営の担当者であった筆者は別なことをしていた。別なことというのは農業研究ではない。福島市に住んでいた筆者はガソリンがないので出勤できず、同じような境遇の職員と一緒に、大きな物流倉庫で支援物資の配送作業をした。出勤できるようになってからも、職場が避難所になっていたので避難所の当番をしたりもしていた。農業総合センターには筆者の実家がある南相馬市からの避難者が多かった。

③ 東電原発事故後に「風評はあったと思うか」と質問されて

研究としてまず取り組んだのは農産物の流通の調査で、JAや市場、小売業者にヒアリングを行った。大阪の市場で福島県産農産物のこれからの必要性について話を聞く中で「福島県産はこれからも必要だ。絶対にやめるな」といっていただいた。これには涙が出たし、その後のモチベーションにもなっている。もともとの消費者行動研究として、福島県産の買い控えに取り組みたいという気持ちが強まっていた。

研究の必要性を十分に説明しきれず、県の予算はつかなかったが、人事異動で新しく来た上司が「この研究は絶対にやらないといけない。外部資金を獲りに行きなさい」と強く背中を押してくれた。そのこともあり、食品中の放射性物質に関するリスクコミュニケーションの研究を、浦上食品・食文化振興財団の研究助成を得て行うことができた[*3]。この研究ではグループインタビューを取り入れたため、かなり多くの福島県内と首都圏の消費者の生の声を伺うことができた。リスクコミュニケーションによって知覚リスクや不安が低減するという知見が得られた[*4]が、時には福島県産の営農再開を全否定されるような意見や、科学コミュニケーションの難しさを痛感させられることもあった。メンタル的にきつい仕事でもあったものの、この仕事をしたことで多様な消費者像を踏まえることができるようになっていると思う。

震災後、いろいろな立場の方と出会うことができたし、いろいろなところで話をさせていただくことができた。それまで縁のなかった方が福島やその農業のことに思いを向けてくださったことは本当にありがたいことと感じている。

ある時、ある省庁の方から「風評被害はあったと思われますか」と質問された。筆者はこの質問に踏み絵のような印象を受けた。「風評被害」という言葉は使い方が難しい。風評被害は「ある社会問題（事件・事故・環境汚染・災害・不況）が報道されることによって、本来『安全』とされるもの（食品・商品・土地・企業）を人々が危険視し、消費、観光、取引をやめることなどによって引き起こされる経済的被害のこと」と定義される。また、原子力損害賠償紛争審査会においても、「報道等により広く知らされた事実によって、商品又はサービスに関する放射性物質による汚染の危険性を懸念した消費者又は取引先により当該商品又はサービスの買い控え、取引停止等をされたために生じた被害を意味するものとする。」と定義されている。これらの定義に基づけば、風評被害は報道が関与して起こる経済的な実害なのである。

　しばしば「風評」という言葉が、本来の風評被害から離れて使われているように感じることもあるし、風評被害が実際の被害がないことのように使っている例もあるように思われる。筆者はそうした捉え方の違いを踏まえて（定義を皆が知っているはずがない）、「買い控え」としての研究を進めてきた。東日本大震災と東電原発事故は、様々な側面を有する複合災害であり、その一面である食品の生産・流通・消費に跨る社会的な混乱と経済的な実害について、「風評被害があったか・なかったか、というような答えで語ることはできない」というのが筆者の考えである。

(2) ALPS処理水の海洋放出をどう見るか

① 福島県民は放射性物質や食品の検査結果についてよく知っている

　さて、ALPS処理水の海洋放出についてである。筆者の基本的なスタンスとして、ALPS処理水の海洋放出は科学的に安全であるという決着はついているものと認識している。安全であるものに対する懸念から買い控えが起こったりすることが風評被害であるのなら、報道においても安全であることの説明がなされるべきではなかったか。筆者は食品中の放射性物質についてコミュニケーションをする機会があったが、大気中核実験のフォールアウトや、条約によって規制される前に放射性廃棄物や原子炉が海洋投棄されていたことは、リスク比較のために重要な情報であると考えている。これらの情報は、ALPS処理水

の海洋放出においても、既に行われていたサブドレンからの地下水の海洋放出とも併せて、リスク比較の材料になるであろう。

　筆者の研究[*6]で、食品中の放射性物質の検査が行われていることについて、福島県民は他地域（首都圏と関西）に比べてよく知っていることが分かった。このことに加えて、福島県民が検査結果をよく知っている、と自認していることも明らかにした。さらにこの結果と、検査によって放射性物質がどの程度検出されているか、という数字を対比させてみた。すると福島県民は、自分が検査結果についてよく知っていると評価している人ほど、放射性物質は多く検出されていないと回答していた。一方、他地域では、よく知っていると自認している人はむしろ、放射性物質が多く検出されていると誤って認識していた。

　このような研究結果から、福島県民は放射線や放射性物質についても、それに対してどのような健康リスクを下げる取り組みが行われているのかということについても、いずれも知識レベルが高いことが分かる。ちなみに筆者が東京農業大学に赴任した際、福島で子育てをしていた立場からすると当たり前のことが知られていなくて、「研究者でもこの程度か」と感じたことすらある。こうした福島県内と県外の知識のギャップは、ALPS処理水だけでなく、除去土壌の再生利用や最終処分など、今後も様々な事柄に影響を及ぼすものと考えられる。

② 福島県内外のギャップと海洋放出をめぐる合意形成

　それでは、どうすれば県外に対して適切に情報を伝えることができるのか。筆者の別な研究[*7]では、検査結果を提示した前後で、福島県産農産物に対する評価が変化することを明らかにしているが、その検査結果を提示する過程で興味深い知見が得られた。インターネット調査で、クリックするとより詳しい情報が見られるような仕掛けを設定したところ、検査が行われていることを知っている人の方が知らない人よりも多くクリックしていた。つまり、知識がない人の方が知識を求めるのではなかったのである。踏み込んでいえば、耳を自ら塞いでいる人には情報は届かないということかもしれない。また、福島県産がどの程度避けられていると考えるか、という問いに対して、福島県民のほうが他地域よりも避けられている度合いを高く見積もっていることも明らかになった。福島県民が、自分たちの産品が避けられていると考えていることは、自ら

の産地について誇りを持つということをしにくくなっていることでもあり、この結果については注意が必要であると考えている。

福島県産に対する意識について、消費者調査において何度も産地に対する評価を聞いてきたが、福島県民が福島県産を選択する傾向があること（反対に、県外では福島県産を選ばない傾向があること）はいつも同様の結果が出ている[3,7,8]。また、調査の中で敢えて消費者の意識を震災に向けさせると、産地に対する選好が変化したり、安全に対する意識が変化したりする[8]。こうした知見は、情報発信のあり方に示唆を与えるものであろう。

このように福島県内と県外のギャップ、個々人による情報の受け止め方のバラツキがあり、震災を意識することが選択行動に影響を与えることを前提として、ALPS処理水の海洋放出やこれから続く除去土壌の処理に取り組んでいかなくてはならない。

ALPS処理水の海洋放出については、漁業者団体の意見が報道でよく取り上げられていたように思う。漁業者側は「（トリチウムについて）理解した上で懸念を発信していきたい。ただし了解することはできない」として海洋放出に反対の立場を取っている[9]。漁業者は安全性に対する懸念ではなく、風評被害に対する懸念からALPS処理水の海洋放出に反対しているのである。そのことが伝えられる一方で、安全性についての情報発信は十分になされたであろうか。風評被害は報道が関与して起こる。「風評被害が懸念される」と繰り返し報道されることで、買い控えや誤った情報の拡散が助長されることがあってはならないと筆者は考える。

海洋放出をめぐる合意形成には、「理解」というタームが重要である。2015年に、サブドレンから組み上げた地下水を放出するにあたり、政府は漁業者と「関係者の理解なしには（処理水の）いかなる処分も行わない」と約束していた。先述の福島県漁連会長のコメントでは、「理解」するが「了解」はできないといった言葉遣いがされている。また、全漁連の声明は[10]、「漁業者・国民の理解を得られない海洋放出に反対」という立場を明確にしながら、「科学的な安全性への理解は深まってきた」とも述べており、廃炉のプロセスを前に進めるものであったと評価したい。

ALPS処理水の後には、除去土壌の再生利用や福島県外での最終処分といった難航が予想される課題が続く。その過程では「全国民的な理解の醸成を図

る」こととされている。中間貯蔵・環境安全事業株式会社法では、2045年を期限とした福島県外での廃棄物の最終処分完了が定められている。NIMBY（Not in my backyard。必要な施設ではあるがそれを作ることで迷惑が発生すると考えられる場合、その施設の必要性は認めるが、自分の家の裏（＝近所）に作ることは反対だ、という住民の心理を表す）に他ならない課題であるが、サブドレンの地下水やALPS処理水の海洋放出と進めてきた歩みを、それらの過程での反省も活かしながら進めていくほかないと筆者は考えている。

(3) 福島の農業への展望と期待

　筆者らは浜通りの農業経営者の発災10年後の意識調査を行った[*11]が、そこから読み取れるのは将来的な営農の継続の難しさである（図3-2-2）。

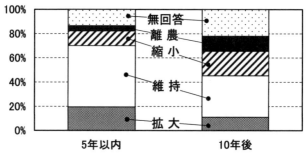

図3-2-2　農業経営者の意向

出典：半杭真一・渋谷往男、発災10年後の被災地域における農業経営者の意識、復興農学会誌、第2巻、第2号、12-27頁 (2022)

　原発事故がもたらした災厄は、放射性物質による環境への影響のみならず、避難経験による人の心理的な影響も大きいと筆者は感じている。避難の経験は人によって様々であるが、それは誰にとっても長い時間であったはずである。避難経験は、事業を継続することによる技術の伝承と、家族経営を基盤とした経営の継承を断ち切った面もある。そのため筆者は、被災地の農業者とやり取りをするなかで、とくに強制避難を経験した農業者において営農へのモチベーションの低下を感じることがある。

　避難の長期化は生活の基盤が移ってしまったり、機械や設備が使えなくなっ

てしまったりといったマイナス面をもたらしている。それに加えて、先の見えない中で営農を再開する意欲も削いでしまったのか、と考えることも多い。そうして福島の農業が足踏みを余儀なくされる間も、技術の進歩も日々進んでいるし、政策や流通の変化も待ってはくれず、市場では震災前の福島県産のポジションがすでに失われてしまったりする。冒頭に福島のコメについて述べたが、避難区域において担い手を中心として圃場整備を行い、水田農業を復活させる動きがある。ところが農業者にあっては、米価の下落を受けて、震災前とは全く違った経営戦略が求められるようになっているのである。

　筆者は農業が専門であるので水産業については想像するしかないが、漁業者の技術の伝承や市場におけるポジションの喪失については農業と同様の課題を抱えているだろう。被災地において時間の流れは残酷である。ALPS処理水についても除去土壌についても、問題を先送りにせずに取り組むことが重要だということを、当たり前のことであるが改めて強調したい。

　ALPS処理水の海洋放出が開始され、この原稿の執筆時点で3回目が終わっている。一部の国・地域による輸入規制もあったが、反対を唱えていた方々はトーンダウンし、一方で豊洲市場で行われている「三陸常磐 夢市楽座」や小売段階での取り組みなど、買い支えようという方々も多くおられるようである。

　筆者の専門である農産物のマーケティングに引き寄せれば、今後求められるのは、福島県産を求める買い手を見つけて需要に応じた生産と出荷を行うことであろう。これは、応援消費のような引き合いだけでなく、全国的な傾向である高齢化の進行によって、市場における（とくに夏秋野菜の産地としての）福島県の重要性は揺るがないことも背景にある。日本の農業（の縮小）を30年先取りしているといわれる被災地において、生産においても販売においても効率的な農業を展開することが、現在直面している課題なのである。

　この課題に立ち向かっていくために、以下のようなことが必要と考える。

1）市場のような変動が少なく、シーズンを通した値決めが行われることもあって、経営の安定に資すると見られる加工・業務用の作物や品種を導入すること

2）人手不足を補うだけでなく、生産物の管理の高度化によって販売におい

ても強みとなり得るスマート農業を取り入れること
　3) 海外の資源に依存しがちであった生産資材を、国内資源に転換すること

　このような経営面のみならず、福島の農業に携わる人材として、震災後生まれた県外との人的な交流を一層進めていかなくてはならない。それに応じた経営者能力も求められるであろう。

⑷ 次の世代に何を渡すか

　廃炉には長い時間がかかる。福島で暮らす若者の中にも震災の記憶がない人が増えていくだろう。ここでは、そうした若い世代に私たちがどう向き合うか、ということについて、筆者の取り組みをご紹介したい。

　毎年、依頼を頂戴して出身高校で講演をしている。相双地区は大学がないため、進学するにあたっては地元を出ることが前提となっているし、高校生にとっては地元で大学生を見る機会も多くない。こうしたことを踏まえて、高校生の間に大学教育に触れる機会を作ることができればと考えている。また、農業に携わるのは農業者ばかりとは限らない。公務員や団体職員、農機販売店、農産物の販売先も含めればたくさんの人々によって地域の農業が成立する。こうした地域の農業に携わる人材の育成につながればという思いで、農学という幅広い分野や、自分の研究について話をさせていただいている。筆者の研究は農産物の消費に関するものであるため、福島県産農産物が他地域からどう見られているか、ということも触れるようにしている。

　東京農業大学は2011年5月1日に相馬市を訪れ、学部横断的な「東京農大東日本支援プロジェクト」を進めてきた。その取り掛かりは、放射性物質の汚染状況の把握や津波被災農地の除塩、被災経営の将来検討といった研究であった。筆者も2016年から関わるようになり、2019年からは福島イノベーションコースト構想の「復興知」事業により、人材育成の分野の活動にも力を入れている。その中で、小学生を対象とした「食と農の体験スクール」、高校生を対象とした「農学サマースクール」（この参加者が東京農業大学に入学するといううれしい動きもみられる）、農業者を対象とした「農業経営セミナー」を行っている。

　東京農業大学の学生はこれらに参加するとともに、アグリビジネス学科の

「商品企画演習」では相馬市産の原料を素材にした商品企画を行ったり、現地の農業者に商品アイディアのプレゼンテーションを行ったりする機会もいただいている。こうした活動を通じて、教育・研究機関として被災地の農業復興に役割を果たせると考えている。学生においても、それまで関心のなかった東日本大震災と東電原発事故（学生は発災時は小学生である）について理解を深める機会となり、ALPS処理水や除去土壌についても、学生がそれぞれの意見を持てるようになればと思う。

　本学だけでなく、様々な大学が福島県内で活動している。そんな中で学生のアイディアによる商品企画が盛んに行なわれている。筆者はマーケティングが専門であり、商品企画には製品化に先立つコンセプト開発と戦略仮説の検討が必要と考えているが、他大学の取り組みでは販売戦略なしに試作して製品化をする例もあるようだ。商品を作ったという大学の自己満足で終わるのではなく、農家をはじめ現地にお金が残る商品開発が求められているのではないだろうか。

⑸ おわりに

　ALPS処理水の海洋放出が始まっていることもあり、筆者の考えていることを書かせていただいた。福島県において相双地区は「福島の○○○○」とある国の名前で揶揄されてきた土地であり、「何にもない」とよくいわれていた。原発事故による強制避難とその長期化によって、地域そのものが危機的な状態に陥り、地図から消えてしまうのではないかと感じることすらある。

　筆者は農業が専門であるので、消費者に求められる農業が被災地で展開されることを願っている。それは環境の変化に順応して震災前とは違った姿であるはずだし、より地域に密着したものであり、かつ外の風にもっと入ってきてほしい。若い世代が福島で農業に携わることに魅力を感じられるようになり、福島県民が福島県産農産物に誇りを取り戻せるようになるために、筆者も微力ながら貢献できればと考えている。

　最後に、甲状腺検査について書いておきたい。県民健康調査として行われている原発事故当時18歳以下の子供を対象に行われている甲状腺検査であるが、専門家は「甲状腺がんと放射線被曝との関連は認められない」という結論を報

告している。症状のない人に甲状腺検査を行ってしまうと、過剰診断（決して症状が出たりそのために死んだりしないのに、病気であると診断すること）をもたらすことが指摘されている。また、過剰診断によるリスクが十分に伝わっていないのに、本来希望者だけが受ける検査を学校で行っているのは、事実上の強制になっていることを併せて鑑みれば、甲状腺検査は中止すべきであるというのが筆者の考えである。

参考文献

＊1　米穀データバンク、米マップ'23 (2023).

＊2　菅野雅敏、有機農業推進における福島県の取り組み、**東北農業研究センター農業経営研究**、第26巻、61-73頁 (2008).

＊3　半杭真一・新妻俊栄・小松知未、放射性物質に対する流通及び消費段階における回避行動と被災地産農産物の長期的な販売方策、**浦上財団研究報告書**、第20巻、153-165頁 (2013).

＊4　半杭真一、食品中の放射性物質に関する科学情報と消費者意識、**福島県農業総合センター研究報告**、放射性物質対策特集号、130-133頁 (2014).

＊5　関谷直也、「風評被害」の社会心理：「風評被害」の実態とそのメカニズム、**災害情報**、第1巻、78-89頁 (2003).

＊6　半杭真一、食品中の放射性物質の検査に関する知識と消費者の意識：知識を有する忌避層の存在とアプローチの検討、**フードシステム研究**、第24巻、第3号、215-220頁 (2017).

＊7　半杭真一、消費者の調査からみる風評被害、東京農業大学編、東日本大震災からの農業復興支援モデル：東京農業大学10年の軌跡、ぎょうせい (2021).

＊8　半杭真一、消費者からみる被災地の農業：リサーチに基づく農業復興小論、青山ライフ出版 (2023).

＊9　読売新聞、福島県漁連野崎会長インタビュー、2023年4月27日.

＊10　JF全漁連、ALPS処理水の海洋放出開始に対するJF全漁連会長声明、2023年8月22日.

＊11　半杭真一・渋谷往男、発災10年後の被災地域における農業経営者の意識、**復興農学会誌**、第2巻、第2号、12-27頁 (2022).

第3節　処理水に振り回されるいわきの漁業

　2023年8月24日に東京電力が福島第一原子力発電所に溜まる処理水の放出を開始してから3か月が経過した。これまでのところ、海水や魚体から基準を超えるような放射性物質は検出されておらず、当初懸念されたような風評被害は起きていない。他方で、今回の決定は「関係者の理解なしにいかなる処分もしない」という約束を反故にするばかりか、賛成派と反対派、極端に党派的な二項対立の構図に世論を分けることになり、本来は一丸となって漁業再生のために協力すべき地元関係者の間にもその構図を持ち込む結果となった。

　私自身、いわき市の小名浜という港町で生まれ育ち、今なおそこに暮らす人間として、漁業再生のビジョンが見えない中で続けられる放出を歓迎する気持ちには到底なれない。本書は、各分野の専門家が処理水放出についてさまざまな分析、提案を試みる内容になっているが、本節ではあえて非専門家、いわき市民、港町の住民の立場から関係者の反応なども交えて放出を振り返り、より良い未来を考えるための論点を示していきたい。

(1) 海洋調査「うみラボ」で得られた知見

　本題に入る前に、筆者と水産業の関わりについて触れておきたい。筆者は、2012年春から3年ほど、いわき市内のかまぼこメーカーの営業・広報として勤務した経験がある。日々の営業や販路の開拓だけでなく、物産展など催事にも頻繁に参加したほか、ソーシャルネットワークサービス（SNS）での情報発信にも当たってきた。逆風が吹くなかでの業務だったが、その分、最前線で経験を積むことができた。独立した現在も、いわき市内の水産加工業者や飲食店、鮮魚店から委託され、情報発信や商品開発、イベント企画などの仕事をしており、地元の水産業者とは距離が近い環境にある。本節で紹介する地域の声は、そうした現場で見聞きしたものがほとんどだ。

　また、筆者は、2013年の冬から5年ほど、地元有志たちと「いわき海洋調べ隊うみラボ」（以下、うみラボ[*1]）という民間の海洋調査チームを組んで、福島第一原発沖の魚の放射線量などを測定する活動をしていた時期がある。合計30回

の調査を行い、のべ300近くのサンプルを測ってきた。東京電力や自治体など
が行った調査に比べるとサンプル数は圧倒的に少ないものの、民間で調査して
いる団体はほとんどなく、公的なデータを検証するためのセカンドオピニオン
として活用された。本節では、このラボの取り組みで得られた知見についても
紹介していく。

① 市井の言葉で語る

　それではまず、うみラボの活動について解説する。うみラボは、2013年から
5年間行われた民間人主体の海洋汚染調査ラボで、春から秋の間の毎月1回、双
葉郡の漁師の協力で原発沖1.5キロメートル（km）から沖合10kmの海域で海底
土や魚を採取し、その放射線量を測定、公表する取り組みを行った。調査に
は、その都度募集した参加者にも加わってもらい実際に魚も釣る。測定は地元
の水族館「アクアマリンふくしま」の測定器を使い、結果については毎回すべ
ての検体の数値をブログで発信した。民間人主体のラボではあるが、アクアマ
リンふくしまの富原聖一獣医師、原発事故と食にかかわる合意形成や社会調査
にあたった筑波大学の五十嵐泰正教授（当時准教授）、元東京電力社員で廃炉に
関する情報発信を生業とする一般社団法人AFWの吉川彰浩さんら複数の専門
家が関わっている。

　30回の調査で分かったのは福島県沖の魚の安全性だけではない。民間主体が
調べて発信し、なおかつその場をオープンにすることの意義だ。うみラボの調
査は、東電や自治体などが発信する情報に比べ調査する人の顔が見え、しかも
実際に調査に参加できる。さらに、復旧が進む発電所を自分の目で確認し、そ
の目の前で実際に魚を釣ってデータを確認することも可能だ。情報サイト上で
見るものとは異なり、そこで得られる数値からは「手応え」や「腑に落ちる感
覚」が得られたのではないだろうか。これは体験型ならではのものだ。

　情報発信にも工夫を凝らし、非専門家的な立場、いわば「市井の言葉」で発
信するよう心がけた。原発事故後は、多数の研究者・専門家が福島入りし、放
射線防護についてさまざまなサポートを行った。しかし、少なくない専門家が
「知識を有する者が有さない者に教え説く」というパターナリズム的なスタイ
ルを取っていた。特にSNSでは、現地の人たちの選択や迷い、葛藤を頭ごなし
に否定するような言説が見られた。

一方、筆者たちは非専門の一般市民であり、そもそも放射線についての予備知識もほとんどない。そこで「とにかくやってみる」「一緒に学んでいく」というスタンスを採らざるを得なかったのだが、思いのほかこれがうまくいき、参加者の納得感を醸成しながら調査を進めることができた。筆者自身、海洋汚染については専門的な知識は有していない。だが、調査が進むほど放射線や魚の生態についての理解が増し、知ることの楽しさを実感できた。あくまで自己分析的な記述になるが、その「知るプロセス」「知る楽しさ」自体を開示することで、それまで不安だった人たち、無関心だった人たちに対しても、汚染について考える一定の判断材料を提示することができたと考えている。

② システム1とシステム2

　うみラボの発信に関して筆者が参考にしたのが、アメリカの行動経済学者、ダニエル・カーネマンの著書、『ファスト&スロー*2』である。この本は行動心理学や認知心理学の観点から、人間がどのように情報を認識するのかを丁寧に解説しており、人間の認識のメカニズムや風評被害が起こる構造を理解するのに役立った。

　筆者は「人間はそもそも非科学的で情緒的なものである」という前提に立っている。科学的データがどれほど揃っていようと「イヤなものはイヤ」なのが人間というものだろう。分かりやすいのが「プールとおしっこ」の例だ。水泳の授業中、誰かがプールにみんなに見えるようにおしっこをしたとする。それがいくら希釈されようと、水質検査をしてどれだけ法的に安全だといわれようと、おしっこの現場を見てしまったからには泳ぎたいとは思わないし、ましてやその水を飲みたいとは思わないはずだ。もちろんこれは極端な例だが、科学的な正しさだけで人を動かすのは難しいという前提に立ち、筆者たちは日々の発信を工夫していった。実際の発信については、うみラボのブログをご覧いただきたい。

　カーネマンは、人間の意思決定について、意識しなくても自動的に働く直感的な思考である「システム1」と、意識的な熟慮を必要とする論理的な思考である「システム2」を定義している。システム1は、無意識にそう思ってしまうようなレベル、つまり文化的なレベルで染みついてしまった思考ともいえるが、文化的なものである以上、不安がいかに不合理なものであっても、政府や

自治体は情緒的な不安を勘案したうえでリスク政策を設計すべしとカーネマンは説いている。

　当時は、誰もが正しく放射線防護を理解できていたわけではなかった。私たち福島県民は必要に迫られて放射性物質について色々詳しく調べたかもしれないが、他県の人たちはそうではないはずだ。これまで安全だといわれていたはずの原発が爆発し、目に見えない放射能に対して不安を感じた国民がほとんどだろう。放射能に対する不安が情緒的問題であることを受け止めたうえで、専門機関や公的機関とは違う、市民だからこそできる情報発信をしようと私たちは考え、情報を一方的に発信するだけでなく、その情報を共有し、学ぶ場をつくろうと心がけた。

　これはかまぼこ屋時代から感じていたことだが、ほとんどの消費者は、科学的なデータを専門家のように理解して商品を買っているわけではない。非専門家の立場で、自分なりに考えて大丈夫だと感じているから買っているのではないだろうか。不安だと思っている人の大半も、実は「なんとなく」不安なのだ。ということは、情緒的な体験がきっかけになって「なんとなく安心」に上書きされる可能性もある。そこで必要なのが、食べるおいしさ、学び体験する楽しさ、生産者の姿勢に触れる機会など、「システム1」に働きかけるような取り組みだった。

③ 食べる場と測定の場のミックス

　うみラボでは、アクアマリンふくしまと連携し、原発沖で釣った魚の放射線測定会と、福島県産魚介類の試食会を兼ねた「調べラボ*3」というスピンオフのイベントを定期的に行っていた。この調べラボは、今振り返ればシステム1と2を兼ね備えた場だったように思う。水族館には、当然福島県沖の海洋汚染になど興味がない人たちも大勢やってくるが、そうした一般客にも情報を届けるため、毎回福島県産の魚介類を使った料理を用意し、無料で振る舞った。おいしそうな匂いに誘われて、毎回100人を超える来場者があった。来場者は試食を食べるあいだに、獣医師が魚を捌く様子や、その魚の放射線量を測定する様子を確認したり、その解説を聞いたりしていく。すでに試食によって「福島県産の魚を食べている」という状況がつくられているため、来場者は比較的すんなりと富原獣医師の話を受け止めていくことができたようだ。

詳しく知りたいという人、科学的な根拠を知りたい、いわば「システム2」に近いところで理解したいという人がいても専門家なら受け止められるし、放射線についてだけでなく、魚の生態や特徴、他の海洋動物の飼育の現状、あるいは水族館についての話もじっくりと聞くことができる。このように、おいしい、楽しい、ためになる、役に立つといったわかりやすい入り口をつくったうえで科学的根拠を提示していく。これが調べラボの特徴だ。2年ほどの期間限定のイベントであったが、民間人主体の取り組みに専門家が入り、情緒的かつ科学的にウイングを広げ、全体として「楽しい」「美味しい」「学べる」というパッケージになっているという手法は好評で、数々のメディアに取材された。そしてそのメディアを通じて、さらに多くの人たちに福島県沖の状況を自分たちの言葉で伝えることができた。

科学的根拠があることは大前提だが、複数の発信主体があるというのは重要だ。同じ結論に至る場合でもプロセスは人それぞれであり、誰もが最短距離で進むわけではない。大学の先生にいわれて納得する人もいれば、うみラボのようなプロセスで学ぶ人たちも少なくない。「科学的根拠がすべてだ」という発信はあっても構わないが、それだけでは十分とはいえないだろう。不安感や情緒的忌避感を前提にしつつ、粘り強く対話していく場、うみラボのように楽しく学ぶ場、地域の人たちや市民団体が調査する場など、さまざまな発信・体験チャンネルがあったほうが、結果として情報が伝わり、市民一人ひとりの納得感のある選択を促すことができるのではないだろうか。これは処理水放出にもいえることだ。東電や国だけでなく、メディアや市民団体、あるいは中国など諸外国の調査も広く受け入れ、透明性を確保しなければならない。

以上が、うみラボの活動から得られた知見である。専門家の分析を経た論文ではなく、実感と経験を網羅的に書き綴ったに過ぎないが、処理水放出までのプロセス、処理水放出後の取り組みなどを検証する際の補助線になれば幸いである。

(2) 沿岸漁業の先の見えなさ

さて、ここからは処理水放出について、地元の目線で書き進めていきたい。まずはじめに、筆者の地元、いわき市の漁業・水産業の現場と課題について考

え、その後、処理水放出に対する周囲の反応、メディアの報じ方の問題などについても言及していく。

　処理水放出以降、さまざまな報道も手伝ってか、福島県産の魚を買いたい、支援したいという声が大きくなっている。筆者は、複数の水産加工会社のオンラインショップを運営する仕事を引き受けているが、数字を見てもそれは如実だ。具体的な数字は明かせないが、処理水放出が始まった2023年8月以降、ほとんどの月で前年の売り上げを上回った。「応援しています」というメッセージが届くことも以前に比べて確実に増えている。こうした購買が、漁業者・水産業者への心強いエールになっていることは紛れもない事実であり、この場を借りて感謝申し上げたい。

　また、経産省や復興庁、水産庁、福島県などの助成事業が、震災後からかなり充実した予算規模で推進されており、その成果もあってか各地でさまざまな産品が開発され、新しい名物として育ち始めている。代表的なものが、海水温の上昇とともに福島県沖で漁獲されるようになったトラフグとイセエビだろう。特に福島県産のトラフグは「福とら」の名称でブランド化され、とりわけ相馬原釜漁港に水揚げされたものが首都圏や関西地方をはじめ全国に流通し始めている。いわきを中心に水揚げされるイセエビも、物珍しさも手伝ってか大々的に報道され、高級グルメとして定着しつつある。市場で取引される価格も年々上がっているそうだ。自前で育ててきた魚種ではなく、あくまで海水温の上昇というあまり喜べない原因による「棚からぼた餅」で名物化したものだが、これまでコンスタントに漁獲されていた西日本での漁獲量が減っている中での福島における水揚げ増。高級魚であり需要も旺盛なだけに、トラフグとイセエビは「福島県産」をアピールするうえで重要な鍵になりそうだ。

① 増えない水揚げ

　ただ、魚全体の水揚げ量はほとんど増えていないのが現状だ。震災後、福島県沖では量を制限する「試験操業」が行われてきた。水揚げ量は、おおむね震災前の2割ほどの量で推移してきたが、試験操業が終了し本操業へと移行した2021年3月以降、増えるかと思われたこの「2割」が、なかなか上向かないでいない。シンプルに考えれば、この2割の状態で全国の市場や地域の飲食店などが回るようになってしまったということだろう。かまぼこでも同様のことが起

きた。福島県産の流通が止まっているうちに新潟県など他県産の板かまぼこに切り替わってしまい、福島県産の生産が再開された後も、すでに他県産のかまぼこが陳列され、日々やりくりできている状況下では、震災前と同じ量を仕入れてもらえるわけではない。結果として注文数が減り、売り上げにも影響が出てしまったのだ。こうした状況下で新たに需要を作っていくのは簡単ではない。

　このため、いわき市では地元産の水産物を「常磐もの*6」と呼ぶブランディング事業を推進してきた。震災前にいわき市産のヒラメなどが築地市場で高値で取引されていた際に「常磐もの」と呼ばれたことを利用したもので、いわき市の「市の魚」にもなっているメヒカリなど地元産の鮮魚に加え、贈答品として有名な「ウニの貝焼き」や伝統の漁師料理「さんまのポーポー焼き」など加工品まで広く「常磐もの」と呼んで振興し、さまざまなマーケティング事業、販売イベントなどを行ってきたところだ。

　特にこの1年ほどは、処理水放出に対する「応援機運」に乗るかたちで報道が増えており、テレビ番組などで取り上げられる機会も増えている。だが、こうして新しく生まれてきた需要に応えることが難しくなっているのだ。仲買人や鮮魚店からも「イベントを開催してくれるのはうれしいが、そもそも魚がない」「いわき名物のメヒカリも地元の水揚げ量が少なく、茨城県産を購入するほかない」など、魚不足に対する不満感が伝わってきていた。ある業者によれば、歩留まりが悪いことから雑魚扱いになっていた「カナガシラ」という魚すら、水揚げされるとすぐ買い手がつくほどだそうで、「今のご時世、安く買える地元の魚はない」という。

② 漁師の減少と高齢化

　なぜこのような状況になったのか。その理由として、福島第一原発事故後の補償の存在と、漁師のさらなる高齢化が進んだことを挙げる関係者は少なくない。先ほども言及したが、原発事故後、福島県では漁獲量を制限する試験操業が行われ、以前のように大量の魚を漁獲しなくなった。だがそのままでは漁業者は売り上げを保つことができないため、減った売り上げを東電から支払われる賠償金で補填している。こうした補償が漁業者の生活を支えてきたのは事実だが、漁獲量が減っても売り上げ自体は補填されていくため、水揚げ量拡大に

はつながりにくい。むしろ漁師の自立や事業承継を妨げているのではないか、という声も上がるようになっていた。

　こうした声を受けてか、「漁師たちは賠償に甘えている」という声が地元からも上がるようになり、SNSでは「処理水放出に反対する漁業者こそ復興を妨げている」というような乱暴な主張が繰り広げられるようになった。とても悲しい光景だ。そもそも原発事故が起きなければ、漁業者は変わらず生業を続けることができた。生業をこれまで通り続けられない事態を引き起こしたのは国と東電であり、その加害責任の主体を明確にする必要がある。賠償が払われることで初めて責任主体が浮かび上がるわけであり、当然、漁業者にはその賠償金を受け取る権利がある。漁業者に対する批判は筋違いだ。自立を阻害する背景を読み解く必要があるだろう。

　まず大きな要因が、漁師の減少と高齢化だ。いわき市が公表している水産振興計画[*7]を見てみると、震災前の2010年には、市内の漁協に所属する組合員数が433人いたのに対し、2018年には321人と100人以上減っている。また、年齢別漁業就業者数のデータ[*8]を見てみると、就業者の高齢化率は34.7％（2008年）から46.1％（2018年）へと上昇していた。漁師が減り、かつ高齢化しているのだ。これに対応すべく、市は新規就業者を募集する事業を行ってきたが苦戦を強いられている。というのも、そもそも自前で操業するには「漁業権」が必要であり、代々引き継がれるものであるため、家族でない新規就業者には漁業権がなく、雇われの身分になってしまうためビジネスとして魅力が欠ける。また、補償金が原発事故前の売り上げを根拠にはじき出されるという制度上、震災後に開業した人には賠償制度そのものが存在しない。ただでさえ難しい状況下にある福島で、漁業の分野で新規参入するにはあまりにもハードルが高すぎるのだ。水揚げ量を増やしたいが増やすのも難しい。そんな課題が見えてくる。

　また、漁師のモチベーションも、数字に表れにくいが大きな課題だと感じる。東電からの賠償がなければ生業が維持できないという体制は、「加害者による賠償で生活していく」に等しい。現実として賠償金は東電が認めたケースに対してのみ支払われることになるため、漁業者は「払ってください」と加害者に頭を下げなければならないのだそうだ。その構図自体が漁業者、水産業者の尊厳を傷つけているという。本来は一刻もはやく賠償から自立し、漁業の再生に向かって歩まなければならないはずなのに、処理水の放出は30年ほど続く

とされており、したがって賠償、自立の問題もそれだけ先送りにされる。賠償への依存を脱却し、自立に向かう漁業再生に向かう道筋を、早急に立てることが必要だ。

⑶「他人事」の先で見えなくなったビジョン

　国の汚染水処理対策委員会「トリチウム水タスクフォース」が処分方法を議論し始めたのが2013年12月^{*9}。実際に放出が始まったのが2023年8月。その間、10年近くの時間があったにもかかわらず、市民にも分かるかたちで漁業再生のビジョンが示されたことは（少なくとも私の記憶するところでは）なかった。よく探せば、いわき市がまとめた漁業振興ビジョンのファイルも見つかるが、市民と議論した形跡はない。身近な水産業者からも「今後どうなっていくのか分からないことが一番の問題だ」「将来が見えないから子どもたちにも引き継がせられない」と聞いていた。この「先の見えなさ」「ビジョンのなさ」が大きな課題なのではないだろうか。漁業の先が見えない。廃炉の未来も見えない。それなのに、処理水放出だけが国の主導で先行して行われてしまう。そのことに無力感を感じる漁業者がいるのも無理はない。

　本来、漁業は地域の基幹産業であり、観光やまちづくりなどにも大きな影響を与えていく。地域に暮らす人たちの「シビックプライド」を育てていくものでもあるだろう。その港町の将来を考えるためには、漁業者だけでなく、水産業者、観光業や飲食業の担い手たち、まちづくり領域の人たちともに広く議論する必要がある。そのようなプロセスを通じて、処理水放出の是非、具体的な処理方法なども議論されていくのだ。だが、そうした議論の場が開かれることはなかった。国や関係省庁は繰り返し「説明会」は開いてきたようだが、それは一方的な「説明」であり、漁業者や水産業者の意見は、「受け止めてはもらえるが受け入れてはもらえない」という状況だったようだ。もちろん、一般市民が入ることのできる説明会は限られる。国による結論ありきの一方的な進め方は厳しく批判されるべきだろう。

① 足りなかった地方政治の関与

　この間、もっとも足りなかったのは政治の関与だと筆者は感じている。政治

の力を使って、この地にふさわしい水産業の復興ビジョンを決める時間はあったはずだ。既存の制度で再生が難しければ、国の関与で実験的な水産業の「特区」を設定したり、これまでにない漁業参画の形を模索したりすることもできた。実際、現場の人たちからは、漁業権の取得条件の緩和、沿岸養殖、陸上養殖の産業化、大規模加工工場の誘致、持続可能性のある漁業の推進や国際認証の取得など、具体的かつさまざまなアイディアが出ていた。ダイナミックな動きを作るのは、本来は政治の得意とするところだ。漁業再生のあり方をさまざまなステークホルダーと議論し、そのビジョンの中に、廃炉や処理水放出、賠償の新しいあり方を位置づけていく。そんな動きを作る時間があったように感じる。

　地元の漁業をどう復興させていくのか。その議論は国政だけに求められていたわけではない。むしろ地方政治の出番でもあったはずだ。「国や東電に適切な対応を求める」だけでは課題は解決しない。県知事や市長、地方議員といった、地域から信頼を得ている政治家に積極的に動いてもらいたかった。「水産業」と一口にいっても、仲買、仲卸、小売店と立場が変われば懸念されることも変わる。何度も繰り返しているように、水産業を活性化させるには他業種、他分野の担い手たちの関与が欠かせない。だが、肝心の議員の頭の中には、「原子力に関わることは国がやるべきだ」という考えが強くあった。その考えは政治のヒエラルキーの中では正しかったのかもしれないが、国に判断を放り投げてしまえば、当然、その問題は「自分ごと」だとは感じなくなる。その結果、漁業者にのみ、その重い決断を迫るような状況になってしまったのではないだろうか。

　処理水放出で問われているのは、「廃炉と漁業復興の両立」であるはずだ。処理水を放出したとしても漁業を再生・発展できる策を、多様なステークホルダーが参加する場で検討するべきだったのではないか。そうした対話を重ねた先で、「こうすれば流してもいい」という条件を作ることができたかもしれない。漁業者の反対を抑えるべく、国はさらなる補償を用意したが、「被害があったら補償します」というのは「ビジョン」ではない。

　筆者は、あえて分かりやすく書けば、「よりマシな放出」があったのではないかと感じている。漁業者、漁師の中にも、いろいろな声がある。徹底して反対の人、条件つき賛成の人、消極的賛成の人、さまざまだ。それぞれの背景

をもう少し丁寧に読み解き、市民に共有し、共に考える時間が必要だったと思う。しかし実際には、メディアやSNSの動向に引きずられ、「流そうとする国」vs.「徹底抗戦の漁業者」の構図が補強されてしまった。その意味で、福島県漁連や漁協も批判される部分はあるだろう。この数年、漁協は組合員である漁師たちに対し、処理水に関する取材は受けないようにと箝口令を強いていたと聞く。漁協は賠償に関して団体交渉をしなければならないから一枚岩であることが必須だ。賠償額を1円でも高くするには、当然、多くの人が反対であり、その声が強いことを示す必要があるからだ。だが、そうしているうちに個々の意見が見えなくなった。

② 地域の人たちの受け止め

地域の人たちの放出に対する受け止めもさまざまだ。「廃炉を先に進めるためには必要だ」という人もいれば、「漁師が賠償ばかりもらっているから許せない」という人もいる。「条件つき賛成」や「どちらかに分けられない」というような声も多く耳にするし、「国際基準に従って流すのなら大騒ぎすることじゃない」「粛々と対応するしかない」と騒ぎを諫めるようなことを語る人もいた。「安全性を強調するために検査を強化することで、むしろこちらから風評をつくってしまうようなことにならないか」と懸念する人もいた。放射性物質を検査すると、そこにはどうしても「危険なものが含まれているかもしれないから検査している」というメッセージが含まれてしまう。他国の原発も同じように流しているのに、なぜ福島だけが騒がれるのか。そう考える人たちの懸念も、大変よく理解できる。

私にも懸念がある。これから30年にもわたる放出が続けば、漁業の自立がさらに遠のき、漁業の復興の足かせになるのではないかということだ。今回の放出は、いわば漁業の復興よりも廃炉を優先したプロセスだといえる。漁業者は、これから長きにわたって処理水を海に流されるという困難を背負うことになる。長期間、政治にも東電にも振り回されることになるということだ。今後も賠償ありきの体制が続くと、売り上げの少ない零細漁師ほど新しい人材は雇用しにくくなるし、漁業という産業自体にも魅力がなくなっていく。新規就労者が増えなければ、ただでさえ高齢化が進んでいるいわきの漁業は、さらに厳しい状況に追い込まれるだろう。30年後、処理水を適切に流し終えることがで

きた、だが、漁師の多くは賠償の打ち切りとともに廃業し、後継も育っておらず、いわき市の漁業は復興できなかった。そんな未来にしてはいけない。

③「自分ごと」として考えることを阻む当事者の限定

　処理水の問題について、政府は「漁業者に対して丁寧な説明を」という文言を繰り返してきた。筆者はこれに少し違和感がある。説明が必要なのは国民に対してだ。国民は、福島第一原発の電気を使ってきたという時点で当事者であり、日々の食卓を通じて、鮮魚店やスーパーを通じて福島県とつながるし、全国の原発、廃棄物処理などに関係することである。この問題に無関係な人などいない。つまり政府は、国民に対して丁寧な説明しなければならなかったはずだ。だが、処埋水放出の当事者は「漁業者」であり続け、漁業者だけが当事者になってしまった。

　筆者は、2019年から3年ほど、朝日新聞のパブリックエディターという役職に就いたことがある。日々の紙面についてさまざまな提言・批評を行う役割があるため、朝日新聞ほか他紙も含めて論調を分析していた。朝日新聞に限らず、また処理水放出の問題に限らず、メディアは「当事者」の声を重要視する。だが、その当事者は、往々にして「メディア（記者）の主張を補強してくれる当事者に」なってしまうように感じる。さらに、当事者の意見を補強するため「専門家」も加わることで説得力が生まれていく。この「当事者と専門家」の組み合わせは説得力が出るため、記事を構成する上での「定石」となっている。

　だが、漁業者の悲痛な声を繰り返し伝えていけば、その報道を見た人は、「この問題の当事者は漁業者だ」と受け止めるだろうし、それはそのまま「漁業者が納得すればいい」「漁業者が反対しているので反対だ」という意見に変わるだろう。それは、当事者に寄り添っているように見え、じつは自分がすべき判断を漁業者に押しつけているという構図にならないだろうか。自分は判断できない。判断していてはいけない。漁業者が判断すればいいと。

　社会課題を改善していくには、多様なステークホルダーが「自分ごと」として問題を捉え、社会の一員として考えていく必要がある。漁業者の中には、「こんな問題を福島の漁業者に決めさせないでくれ」「国民全体で考えてほしい」と語る人は少なくなかった。とりわけ、福島第一原発が作ってきた電気は

首都圏に送られてきた。首都圏の人たちが使ってきた電気の副産物がつまりこのトリチウムのはずだが、なぜその後始末が、福島の漁業者に押しつけられているのか。

④ イデオロギーが優先されたメディア

　メディアの記事を読み返すと、データやサイエンスよりもイデオロギーが優先されてしまうことが多かったように思う。第二次安倍政権以降、自民党政権の強権的な手法がしばしば批判されてきた。だが、国や東電から出てくるデータがすべてイデオロギーに染まっているわけではない。国際的な基準の何倍にも薄めて流すという国の説明が信用できないのであれば、メディア自身がそれを測定して報道すればいい。測定して発表することなら筆者たちのように民間人だけでできるし、調べて安全なら消費者も安心できる。万が一、線量の高い放射性物質が検出されるようなら、それは瞬時に特ダネになり、調べること自体が権力監視にもつながるだろう。大手のメディアなら船も借りられるだろうし調査費用も出せる。専門家の協力も得られるだろう。だが、メディアは「自分たちでやる」ことはせず、「自分たちでやっている誰か」を取材しようとするだけだった。

　特に全国メディアは規模も大きい。本節でたびたび言及した「漁業のビジョン」を有識者と共に考えることもできるし、自立につながるような賠償制度を自分たちで提案してみてもいいはずだ。「対話が進んでいない」ことを問題視するなら、「どこまで議論したら十分議論したことになるのか」という指標を作ってもいい。それはメディアの仕事ではないと考えているのかもしれないが、メディアにも場は作れるはずであり、そこにこそ、賛否どちらかに振り分けられない声が見えてくる。それをニュースとして報じることもできた。

　一方の政府も、「漁業者に丁寧に説明を」という文言を繰り返すばかりで、国民に対して説明を尽くすことはなかった。だから多くの人は、この処理水の問題を、「福島県の漁業の問題」としてしか捉えなくなるか、あるいは興味を失うことになる。繰り返すが、県民を分断する「トリチウム」は、東京をはじめとする首都圏で消費される電気の副産物である。その処理をめぐる分断まで引き受けなければいけないというのは、あまりにも酷だ。今後、中間貯蔵施設の移設や最終処分場の選定、高レベル放射性廃棄物の処理など、今回よりも丁

寧な合意形成が求められるプロセスが待ち受けている。政府が一方的に負担を押し付け、賠償の支払いでそれを片付けようとすれば、ますます復興はおぼつかない。廃炉を進めるためにも、丁寧な合意形成、情報伝達の場を国が整備し、現地住民や自治体職員が自分たちの地域の未来を自分たちで構想できるような体制を作ってほしい。そして、私たち一人ひとりも、エネルギーの後始末について学び、準備をしていかなければならない。トップダウンではなくボトムアップで、漁業の未来を描いてほしいと思う。

⑷ 先が見えない廃炉、その先にある未来

　処理水放出が始まり3か月。幸運にも、今のところは大きな被害は出ていないが、廃炉自体の先は見通せていないのが現状だ。放出が完了するまでの時間は、おおよそ30年といわれるが、30年で放出が終わる保証はどこにもない。その間、なんらかのトラブルが起きるかもしれないし、東電の情報隠蔽を常に疑わなければいけないだろう。配管の故障や補修も必要だ。万が一、想定外の放射性物質が基準値を超えるような値で検出されてしまったら、福島の漁業は致命的なダメージを受けることになるかもしれない。福島の漁業は、そのような危うさを抱えながら再生を目指さなければいけない。国民全体の支援が必要であり、多くの国民が関心を寄せ、監視や調査を続けていく必要がある。

　放出から時が経ち、10年、20年と経過すれば、国民の関心も薄まるだろう。粛々と放出していくには関心など持たれない方がいいのかもしれないが、関心がもたれなくなれば震災そのものが忘れられ、原発事故の記憶が風化していくということにもなる。これからは、震災を直接的に経験していない世代が表舞台に登場する。「忘れる」のではなく、最初から知らない世代だ。福島第一原発の廃炉の問題を、より身近なところで感じてもらう仕掛けが必要だろう。廃炉の現場そのものを公開する、いわば「観光地化」も含めて検討していくことが必要だ。

　国は、処理水放出という負担を福島県に強いている。この負担がいつまで続くのか、つまり廃炉の工程を、これまで以上に丁寧に発信すべきだ。希望的観測ではなく、現実的な工程を示して欲しい。それがなければ、漁業再生のプランも組み立てられないからだ。廃炉しないという選択肢も含めて考えていくべ

きだろう。「廃炉は必ずできる」「30年で達成する」という掛け声は新たな安全神話にほかならない。現実的なプランを短いスパンで更新し続け、廃炉の現状を広く国民に伝えていく責務がある。

　福島県漁連の野崎哲会長は、「廃炉がなされた時に、福島の漁業が存在していて初めて理解が成り立つことになる」と話している[*10]。「理解」の時点を未来に設定することで、いったん処理水の放出を肯（が）んじるという英断の裏に、どれほどの葛藤、苦難があっただろうかと思う。国と東電は、今回、漁業の復興を後回しにして廃炉を優先したのだから、これを着実に進めなければいけない。情報の隠蔽や甘い見通しは許されない。関係するステークホルダーに対する説明も、これまで以上に求められることになるだろう。

　そして、繰り返しになるが、この「廃炉は本当にできるのか」と対になる問いが、漁業者にも同時に突きつけられる。「漁業はほんとうに再生できるのか」という問いだ。なにをもって再生したというべきか。どのような状態に持っていきたいのか。震災前と同じ10割に戻すのは現実的ではない。ではどこにゴールラインを持っていくのか。その未来図を広く市民に提示し、対話を継続して欲しい。そしてその対話に、私たちも加えてほしい。

　ここまで書いておきながら、不透明な廃炉の将来を考え始めると、私たちの地域の未来が廃炉という脆弱な土台の上に載せられていることを再確認させられ、暗澹とした気持ちになる。そして、原発事故が地域に残す負担の大きさについても考えずにいられない。一度ここまで甚大な被害を受けた沿岸漁業が完全に元通りになることはない。現在60歳を超えているような漁師たちが引退し始めるとき、今回よりもさらに壊滅的な状況に陥る可能性もある。地域に、回復可能な傷を与えるのではなく、再生不可能な重い障害を残していく。それが原発事故なのだ。しかし、おいしい魚は海にいて、漁師がゼロになるわけではない。私たちはより良い未来があると信じ、なんらかの手を打っていかなければならない。本書が、その手を考えるためのよきパートナーになれば幸いである。

参考文献

＊1　いわき海洋調べ隊「うみラボ」公式ウェブサイト.
　　http://www.umilabo.jp、2023年11月30日閲覧.

＊2　ダニエル・カーネマン、ファスト＆スロー あなたの意思はどのように決まるか？（上・下）、ハヤカワ・ノンフィクション文庫（2014）.

＊3　アクアマリンふくしまウェブサイト、調べラボ－福島の魚を食べてみよう－.
https://www.aquamarine.or.jp/events/tabelab2018/、2023年11月30日閲覧.

＊4　朝日新聞デジタル、2023年1月27日.
https://www.asahi.com/articles/ASR1V744DR1VUGTB00J.html、2023年11月30日閲覧.

＊5　福島県水産課、沿岸漁業水揚数量・水揚金額の推移.
https://www.pref.fukushima.lg.jp/uploaded/attachment/579538.pdf、2023年11月30日閲覧.

＊6　常磐ものウェブサイト.
https://joban-mono.jp/、2023年11月30日閲覧.

＊7　福島県いわき市、第三期いわき市水産業進行プラン.
https://www.city.iwaki.lg.jp/www/contents/1646975793727/files/suisanplan.pdf、2023年11月30日閲覧.

＊8　福島県いわき市、2018年漁業センサス結果報告書「いわき市の漁業」.
https://www.city.iwaki.lg.jp/www/contents/1001000004063/simple/gyogyou2018.pdf、2023年11月30日閲覧.

＊9　トリチウム水タスクフォース報告書.
https://www.meti.go.jp/earthquake/nuclear/osensuitaisaku/committtee/tritium_tusk/pdf/160603_01.pdf、2023年11月30日閲覧.

＊10　朝日新聞デジタル、2013年7月12日　.
https://www.asahi.com/articles/ASR7C7363R7CUGTB00N.html、2023年11月30日閲覧.

第4章
汚染水対策は
事故機の廃炉とも密接に関係する

　ALPS処理水が増えていく根本原因は、建屋内に流入した地下水や雨水が汚染水に混入し、結果として汚染水を増量していることである。この流入を止めなければ、処理水の増加を止めることはできない。同時に、流入を止めなければ、廃炉を進めることもままならない。

　政府の廃炉計画の実現は極めて困難であり、その代わりに、地下ダムの設置と「墓地方式」による長期保管監視を提案する。これらは放射性廃棄物対策の観点からも重要であると考える。

(1) 福島第一原発事故機の廃炉と汚染水対策は密接に関係

　政府の廃炉・汚染水・処理水対策関係閣僚等会議は、事故機の廃炉に向けた中長期ロードマップ（直近の改訂は2019年12月27日。以下、中長期ロードマップ）を策定している[*1]。また、その下に設置されている廃炉・汚染水・処理水対策チーム会合/事務局会議は、定期的に中長期ロードマップの進捗状況について報告している。執筆時の直近では、2023年10月26日に第119回事務局会議（以下、第119回事務局会議）が開催された[*2]。

　福島第一原発事故で炉心溶融した1〜3号機では、燃料デブリを冷却するために上部から水を注いでおり、これが汚染水となる。地下水が建屋地下の損傷部から流入し、さらに雨水も建屋上部などから内部に流入するため、汚染水は増量する。なお、建屋周辺の地表面は舗装工事を行っており、屋根が吹き飛んだ1号機では上部に大型カバーの設置が計画されているため、これらが実施されれば残余の流入水はほぼ地下水だけになる[*3]。したがって、地下水の流入が止められれば、燃料デブリを冷却するために上部から注いでいる水は循環して再

利用できるから、汚染水の総量はそれ以上増加しないことになる。

　建屋地下の損傷は、その場所と状態に加えて原因も不明なので、修復するのは非常に困難である。ちなみに中長期ロードマップでも、この点に関する記載がない[*1]。

　そうなれば、燃料デブリが存在してそこに地下水の流入が続くかぎり、汚染水はずっと増え続けることになる。汚染水が増加し続けるならば、処理水の総量を増加させるだけでなく、廃炉作業そのものに悪影響を及ぼすことになる。中長期ロードマップは、廃炉が終了した段階において建屋は残したままにするのか、それとも建屋の解体も行うのか明示していない[*1]。建屋を残したままにするならば、地下水は建屋内に流入し続けていて、それがさらに漏れ出す状態から脱していないという状態で、「廃炉が終了した」といえるだろうか。建屋を解体するにしても、地下水が大量に流入している状態での工事が困難を極めるであろうことは、容易に推測できる。

　このように、政府の計画している廃炉には汚染水対策、とりわけ地下水の流入を止めることが、きわめて重要なカギを握っているのである。

(2) 最優先で地下水流入を止める対策を取るべき

　第119回事務局会議の資料によれば、2014年度の地下水・雨水等の建屋内への流入量は1日平均で約350トン（t）であったが、①地下バイパスの稼働、②サブドレンの稼働、③陸側遮水壁（凍土壁）の凍結開始などにより、2022年度には1日平均で約70tまで低下している[*4]。燃料デブリを冷却するために1日に約20tの水を上部から注いでいるから、合計して汚染水が1日に約90t発生していることになる。先に述べたように燃料デブリ冷却のための注水は循環して再利用できるから、地下水の流入を止めてしまえば、汚染水の総量はそれ以上増加しない。したがって地下水の流入を止めることは、廃炉作業において最優先で行なうべき対策なのである。

　ちなみに、①地下バイパスは山側に設置した井戸から地下水をくみ上げて海にバイパスさせる、②サブドレンは原子炉建屋周辺に設置している井戸のことで、地下水をくみ上げる役目を果たす、③凍土壁は原子炉建屋周辺の地中に約1500本の凍結管を埋め込んで、地盤を凍らせるものである。

ところで、政府・東電の汚染水対策がまったく不十分であることをふまえて、地学団体研究会の福島第一原発地質・地下水問題団体研究グループがブックレット（以下、地団研ブックレット）を発行して対策を提案している[*5]。そこでは、地下バイパスが十分な効果をあげておらず、凍土壁による地下水流入の阻止も不十分だったと指摘している[*6]。その上で新たな対策として、サブドレインを増強すること、山側に大型の井戸（集水井）を設置すること、広域遮水壁を原子炉だけでなくタンク群も含めて囲むように設置すること、を提案した。ちなみに広域遮水壁は、すでに実績のある工法により建設できると述べている[*7]。

　政府はこうした提案を取り入れて、積極的な地下水対策を早急に実施すべきである。

　ところで、地団研ブックレットで提案されている対策を実施すれば、建屋内への地下水の流入が止められる可能性があるが、実は、これだけでは別の問題が新たに発生するおそれがある。

　第119回事務局会議の資料によれば、建屋内の汚染水の水位は地下水や井戸などの水位より低く保持されている[*8]。このようにするから地下水が建屋内に流入するのだが、建屋内の汚染水が建屋外に漏れ出させないことになる。要するに地下水の流入は、建屋内から汚染水が漏れ出さないようにする「弁」の役割を果たしているのである。そうすると地下水の流入を止めてしまうと、この「弁」がなくなって建屋内から汚染水が漏れ出してしまう。

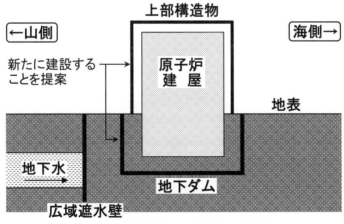

図4-1　広域遮水壁、地下ダムのイメージ

これを防止するためには、広域遮水壁を設置するだけではなくて、図4-1に示すように「地下ダム」と上部構造物を設置することが必要である。ちなみに地下ダムとは、原子炉建屋を地下から覆うお椀のような構造物である。この設置には工学的な困難があるかもしれないが、ぜひ真摯に検討していただきたい。地下ダムが設置できれば、地下水の建屋内への流入は止まり、汚染水の増量を防ぐことができ、結果として処理水の総量の増加も止められる。また、汚染水が外部へ漏れ出すことも防止できる。地下ダムを設置すれば燃料デブリを冠水状態にすることができるから、廃炉作業にとっても有益である。

⑶ 廃炉作業は進んでいるのか

　ところで肝心の廃炉作業は、順調に進んでいるのであろうか。

　使用済燃料プールからの燃料取り出しについては、第119回事務局会議の資料によれば、1号機のプールには392体、2号機のプールには615体の燃料が依然として残っている。3号機のプールからは、566体全部の取り出しが2021年2月28日に完了した。炉心溶融は起こしていないが建屋内で水素爆発が発生した4号機は、プールからの燃料取り出しが2014年12月22日に完了した。[*9]

　中長期ロードマップによれば、1号機では水素爆発により、屋根板・建屋上部を構成していた鉄骨等の建築材・天井クレーン等が、オペレーションフロア上にガレキとして崩落している。放射性物質の飛散を防止するために、ガレキを撤去する前の2023年度頃までに大型カバーを設置し、その後に天井クレーンを設置してガレキ撤去等を行った上で、燃料取扱設備を設置するとしている。[*10]

　第119回事務局会議の資料によれば、大型カバー設置に向けた準備工事は2024年度半ばの完成をめざして進められており、燃料の取り出しは2027〜2028年度に予定されている。2号機は、水素爆発による天井等の損傷はまぬがれたものの、オペレーションフロアの空間線量率が非常に高く、除染と遮蔽が必要である。[*9,11,12] その除染は2023年10月7日に完了し、空間線量率は概ね毎時10ミリシーベルト（mSv/h）以下となった。今後、遮蔽を設置して、2024〜2026年度に燃料取り出しが予定されている。[*9,13]

　中長期ロードマップによれば、1〜6号機のプールからの燃料取り出し完了は2031年であり、予定通りに行われるとしても7年後である。[*14] なお、事故を起

こしていない5・6号機にも大量の燃料が保管されている。第119回事務局会議の資料によれば、5号機のプールには新燃料168体・使用済燃料1374体の計1542体が、6号機にはプールに新燃料198体・使用済燃料1412体の他に新燃料貯蔵庫230体の計1840体が保管されている[*15]。

　これらの燃料がプール等に保管されたままになっているのは、共用プール（保管容量6734体、保管体数5818体、保管率86.4％）、乾式キャスク仮保管設備（保管容量3965体、保管体数2930体、保管率73.9％）のいずれも保管率が相当高い割合に達していて、5・6号機で保管中の燃料体数に比べて空き容量がかなり少ないためである。そのため、今後に取り出す予定の1・2号機の燃料体の受け入れを優先して、保管スペースを空けておくためと考えられる。

　1〜6号機のすべての燃料を2031年までに取り出すためには、多数の乾式キャスクを新たに設置するなどして保管容量を大幅に拡大する必要がある。1・2号機のプールからの燃料取り出しには解決すべき問題があり、予定通りに進捗しないこともあり得るが、全量の取り出しは可能であろうと推測できる。

　保管されている燃料の取り出しよりもはるかに困難なのが、燃料デブリの取り出しである。中長期ロードマップでは、燃料デブリの試験的取り出しは2021年に2号機から開始するとしていたが、すでに2年の遅れが生じていて、執筆時までに燃料デブリはひとかけらも取り出されていない[*16]。第119回事務局会議の資料には2023年度に試験的取り出しを開始すると書かれているが、格納容器内への貫通孔として予定していた配管の内部が堆積物で埋め尽くされていて、現時点では開始時期の予測がつかない。また、その後の「段階的な取り出し規模の拡大」は2026年度以降が予定されているが、かなり難しいと言わざるを得ない[*17,18]。

　2号機の圧力容器については、内部調査のために利用する予定の計装配管内部の汚染検査を実施している段階であり、内部を観察する見通しさえ立っていない[*19]。1・3号機の燃料デブリの取り出しについては、3号機を先行させるとしているだけで、試験的取り出しの時期の予定すら立てられない状況である。このような現状をふまえると、燃料デブリのほぼ全量の取り出しの見通しは全くないといえよう。

⑷ 政府の計画する廃炉は実現できない

福島第一原発の事故機の廃炉が成功裏に終えられるのか否か、そのカギを握っているのは燃料デブリ回収の成否である。さらに回収は一部ではなく、ほぼ全量を回収することが求められている。

燃料デブリの量は、2016年に開催された国際廃炉研究開発機構のシンポジウムの報告では、1号機279t・2号機237t・3号機364tの合計880tとされている。また1・3号機では、燃料デブリの大部分が格納容器へ移行したと推定されている[20]。日本原子力学会に設置された福島第一原子力発電所廃炉検討委員会の報告書（以下、日本原子力学会報告書）は、燃料デブリの総量を644tとしている[21]。いずれにしても膨大な量の燃料デブリの多くが、格納容器のあちこちに散らばっていると推定されるため、ほぼ全量の取り出しは極めて困難と考えられる。

中長期ロードマップは、燃料デブリの取り出し方法の第1候補を、燃料デブリが大気中に露出した状態で取り出す「気中工法」としている[22]。廃炉・汚染水・処理水対策チーム会合/事務局会議の第117回事務局会議は、原子力損害賠償・廃炉等支援機構燃料デブリ取り出し工法評価小委員会の検討結果について報告しているが、そこには「格納容器の中は非常に高線量で人が入れない」「原子炉建屋の中は高線量であり長時間の作業が出来ない」「放射能の拡散を抑えつつ、格納容器を開口しなければならない」と困難さが列挙されている。こうした困難さゆえに気中工法は、燃料デブリに水をかけ流しながら遠隔操作装置を使って行うとしている[23]。

このことに関連して野口は、原子力規制委員会の下に置かれた検討会の報告をふまえて、2号機と3号機のシールドプラグ（格納容器上部の原子炉ウェルの開口部にある遮蔽用の上蓋で鉄筋コンクリート製）の内側が、数十PBq（Pはペタといい、10^{15}を表す単位である。1PBq＝1000兆ベクレル）ものセシウム137で汚染している問題を指摘した[24]。この著しい放射能汚染は、解体撤去作業に大きな困難をもたらすと推測される。

燃料デブリ取り出し法として、格納容器内に水を張って燃料デブリを完全に水没させて行う、「冠水工法」も提案されている。燃料デブリを水没させれば、強い放射線を水で遮蔽でき、放射性物質の飛散も防止できるので、「冠水」することが可能なら「気中」より工法として優れる。ところが事故機では、圧力

容器だけでなく格納容器そのものが損傷しているし、その外側の建屋地下にも損傷があって地下水が流入し続けているから、これらを修復しないかぎり「冠水」することはできない。

　こうしたことから、第3の方法として冠水工法を応用した「船殻工法」が提案されている。これは、「船殻構造体」と呼ばれる構造物を新たに作って原子炉建屋全体を地下から上部まで囲い、原子炉建屋を冠水させて燃料デブリを取り出す工法である。この工法では燃料デブリを上部から取り出すことになるが、「実績のない工事となるので、実証試験など着工前の準備に時間を要す」ことが課題とされている。[*23]ちなみに船殻構造体は、筆者が提案している「地下ダムと上部構造物」に相当する。

　建屋の解体撤去をもって廃炉完了とするならば、こうした構造物の設置は廃炉工程を複雑にするし、原子炉を解体撤去した後にこれも解体撤去の対象となるから、デメリットとなる。

　第117回事務局会議の資料では、第4の工法として「充填固化工法」があげられている。これは、充填材により燃料デブリを安定化させ、作業現場の空間線量を低減したうえで、燃料デブリを構造物や充填材ごと粉砕・流動化して循環回収する工法である。[*23]第119回事務局会議でも、原子力損害賠償・廃炉等支援機構から同様の3つの工法が報告され、充填固化工法は気中工法のオプションと位置づけられている。[*25]

　ところで、1979年3月に発生した米国スリーマイル島原発2号炉の炉心溶融事故では、圧力容器は健全であり、燃料デブリは圧力容器内に留まっていたため、冠水工法により燃料デブリはほとんど回収された。それに比べると福島第一原発事故機の燃料デブリの状況ははるかに深刻で、いずれの工法を採用するにせよ大きな困難が待ち受けていることは間違いない。そもそも、圧力容器内の燃料デブリを上部から取り出せる見通しがないのに、圧力容器を突き抜けて格納容器内に散らばっている燃料デブリのほぼ全部を回収できる見込みはない。

　さらなる難題は、放射性廃棄物である。廃炉で発生する放射性廃棄物の量は、取り出した燃料デブリの他に、炉心構造物・圧力容器・格納容器・原子炉建屋、さらには周辺の汚染土壌など、どこまでの範囲を解体撤去するかで違ってくる。一方、時間をおいて放射能の減衰を待つことで、放射性廃棄物として

扱うべき量を減ずることもできる。

　日本原子力学会報告書は、解体撤去の対象範囲と解体開始時期により、4つのケースについて放射性廃棄物の量を推定した。これによれば、燃料デブリ取り出しと同時に解体撤去を開始し、汚染土壌まで含めて全量を撤去するケースでは、高レベル放射性廃棄物が2125t、低レベル放射性廃棄物までの全量で約780万tもの膨大な量になる。ちなみに敷地が再利用可能になるまでの期間は、100年程度と見込まれている。次に、燃料デブリの取り出し後に放射能の減衰を待ってから解体撤去するケースでは、放射性廃棄物の量は約100万tに減少するものの、敷地が再利用可能になるまでの期間は300年程度と長くなる。[*26]

　この報告書には、取り出した燃料デブリの処理・処分法に関する記載はないが、使い道がなく極めて高線量率であるため、容器に封入して高レベル放射性廃棄物として処分するしかない。事故を起こしていない原発の廃炉では、例えば浜岡原発1・2号機の解体計画では、発生する低レベル放射性廃棄物は2基合わせて約2万tと見積もられ、跡地が再利用可能になるまでの期間は35年程度である。[*27] これらの放射性廃棄物でさえ、未だに処分場の見通しが立っていない。それに比べて、福島第一原発事故機の廃炉で発生する放射性廃棄物は、通常の原発の100倍以上という膨大な量であり、敷地が利用可能になるまでに必要な期間もさらに長期間が必要となる。そもそも数百万tもの放射性廃棄物の処分場が、どこに建設できるのであろうか。

(5)地下ダム設置で墓地方式の採用を

　ここまでに述べたように、事故機からの燃料デブリ取り出しは極めて困難であり、発生する膨大な放射性廃棄物をどう処分するかの見通しもまったく立っていない。このような状況の中で、どのような状態をもって廃炉完了とするかも明らかでないまま、数十年以上の長期間にわたって廃炉作業が続くことになる。政府の考えているやり方でこのまま廃炉を進めるのではなく、思い切った方針転換が必要と考える。

　筆者は汚染水を増加させず、実行可能なやり方で廃炉を進めるために、以下のように提案する。

・1〜3号機の事故機は図4-1に示したように、原子炉建屋を下から覆う地下ダムを設置して地下水の流入を止めるとともに、堅固な上部構造物で覆って、放射性物質の飛散を防止する。

・1・2号機のプールに残されている燃料は取り出す。一方、燃料デブリは取り出さず、原子炉本体の解体もしないで、事故機の上部を堅固な構造物で覆う「墓地方式」で、長期保管監視を続ける。

このようにすれば、増加し続ける処理水の問題を早期に解決の方向に転換できる。また、作業員の放射線被曝が軽減できるし、膨大な放射性廃棄物の発生を避けて、安全な状態にできるだけ早く移行することもできる。どういった状態をもって廃炉の完了とするかについても、広く国民的な合意を形成するために十分な時間をとることができ、この点も重要なメリットとなる。

参考文献

＊1　政府　廃炉・汚染水対策関係閣僚等会議（現在の名称は、廃炉・汚染水・処理水対策関係閣僚等会議）、東京電力ホールディングス㈱福島第一原子力発電所の廃止措置等に向けた中長期ロードマップ、2019年12月27日.
https://www.meti.go.jp/earthquake/nuclear/pdf/20191227.pdf、2023年11月7日閲覧.

＊2　政府　廃炉・汚染水・処理水対策チーム会合/事務局会議 第119回事務局会議、2023年10月26日.
https://www.meti.go.jp/earthquake/nuclear/decommissioning/committee/osensuitaisakuteam/2023/10/index.html、2023年11月7日閲覧.

＊3　前掲　中長期ロードマップ、13頁　表1、14-15頁.

＊4　前掲　第119回事務局会議、資料2 中長期ロードマップ進捗状況、廃炉・汚染水・処理水対策の概要、4頁、図1.

＊5　地学団体研究会　福島第一原発地質・地下水問題団体研究グループ、福島第一原発の汚染水はなぜ増え続けるのか─地質・地下水からみた汚染水の発生と削減対策─（ブックレット）、2022年7月31日.

＊6　前掲　地団研ブックレット、17-20頁.

＊7　前掲　地団研ブックレット、25-26頁.

＊8　前掲　第119回事務局会議、資料3-1 汚染水・処理水対策、建屋周辺の地下水位・汚染水発生の状況、2頁.

＊9　前掲　第119回事務局会議、資料2 中長期ロードマップ進捗状況、廃炉・汚染水・処理水対策の概要、2, 6頁.

＊10　前掲　中長期ロードマップ、16-19頁.

＊11　前掲　第119回事務局会議、資料3-2 使用済燃料プール対策、工程表（使用済燃料プール対策）、2頁.

＊12　前掲　第119回事務局会議、資料3-1 使用済燃料プール対策、1号機燃料取り出しに向けた工事の進捗について、1頁.

＊13　前掲　第119回事務局会議、資料3-2 使用済燃料プール対策、2号機燃料取り出しに向けた工事の進捗について.

＊14　前掲　中長期ロードマップ、19頁.

＊15　前掲　第119回事務局会議、資料3-2 使用済燃料プール対策、使用済燃料等の保管状況.

＊16　前掲　中長期ロードマップ、19-23頁.

＊17　前掲　第119回事務局会議、資料3-3 燃料デブリ取り出し準備、工程表（燃料デブリ取り出し準備）、3頁.

＊18　前掲　第119回事務局会議、資料3-3 燃料デブリ取り出し準備、2号機PCV内部調査試験的取り出し作業の進捗状況.

＊19　前掲　第119回事務局会議、資料3-3 燃料デブリ取り出し準備、2号機RPV内部調査に向けた原子炉系計装配管の線量低減作業前のサンプリング結果について.

＊20　国際廃炉研究開発機構、IRIDシンポジウム2016 in 東京、解析・評価により燃料デブリ分布を推定する（ポスター）、2016年8月4日.
https://stg/irid.or.jp/_pdf/Sympo2016_06.pdf、2023年11月7日閲覧.

＊21　日本原子力学会　福島第一原子力発電所廃炉検討委員会、国際標準からみた廃棄物管理─廃棄物検討分科会中間報告─、19頁（2020年7月）.

＊22　前掲　中長期ロードマップ、19-23頁.

＊23　政府、廃炉・汚染水・処理水対策チーム会合/事務局会議 第117回事務局会議、資料3-3 燃料デブリ取り出し準備、燃料デブリ取り出し工法評価小委員会の議論の進捗状況、2023年8月31日.

https://www.meti.go.jp/earthquake/nuclear/decommissioning/committee/osensuitaisakuteam/2023/08/index.html、2023年11月7日閲覧.

＊24　山崎正勝・舘野淳・鈴木達治郎編集、証言と検証　福島事故後の原子力、24-36頁、あけび書房（2023）.

＊25　前掲　第119回事務局会議、資料4 その他、東京電力ホールディングス㈱ 福島第一原子力発電所の廃炉のための技術戦略プラン2023について、9頁.

＊26　前掲　日本原子力学会報告書、25-28頁.

＊27　中部電力、廃止措置の取り組み　解体撤去物について.

https://www.chuden.co.jp/energy/nuclear/hamaoka/hama_haishi/kaitai/、2023年11月7日閲覧.

第5章
政治の責任をどう果たしていくか
―安心と信頼が得られなければならない―

　福島第一原発で発生する大量の「汚染水」をどう処理・処分するか。これは事故直後から現場を悩ます大きな問題であった。地下水や雨水の流入が続き、溶融した「デブリ」を冷却し続ける必要がある限り、汚染水の発生は今後も継続する。この「汚染水」から多種の放射性核種を規制基準値以下にまで取り除き、残った「処理水」を処分する作業は、福島第一原発の廃止措置そのものがそうであるように「前例のない複雑で困難な作業」の一つであり、なによりも作業のもたらす「リスク」を最小にすることが重要である。同時にその作業は、当然のことながら福島地域住民や地元漁業者にとっても重要な意味を持つものであり、関係者との対話を通じて、相互の信頼関係の下で作業を進めていく必要がある。なぜなら、関係者の「安心」と「信頼」が欠けたままでは、作業の円滑な実行は望めないからである。

　この問題は事故直後から現在に至るまで、技術的課題としても紆余曲折があったことに加えて、地元関係者との信頼関係が失われていった。本節ではまず、この過程を検証する。その上で、現時点での政府・東京電力の進め方では、関係者の信頼回復が難しいと判断される理由を分析する。その分析に基づき、今後長期に続くとみられる「汚染水」対策として、どのような措置が望ましく、また必要であるかを明らかにする。

(1)「放出」決定までの経緯：信頼は失われたまま

① 事故直後から2013年の政府基本方針決定まで
　福島第一原発の事故直後より大量の汚染水が発生し、海洋への漏洩が懸念されていたが、東京電力は2011年4月2日と5月11日にそれぞれ2号機と3号機の取

水口付近から汚染水が海に流出していたことを公表した。[*1]応急措置として止水工事と取水口付近にフェンスを設置したが、大量の地下水（1日あたり400トン以上）が建屋に流入し、また溶融燃料の冷却用に注水を継続することになったため、汚染水量はその後も増加し続けることが明らかになった。

原子力対策本部は2011年12月21日、福島第一原発の廃炉にむけて「中・長期ロードマップ」を初めて公開した。[*2]そこでは、セシウム以外の放射性物質（トリチウムを除く）を除去する「多核種除去設備（ALPS）」を2012年内に導入し、10年以内を目標に建屋内の滞留水（すなわち汚染水）の処理を完了すると明記された。その後、中・長期ロードマップは2012年7月と2013年6月に改訂され、それぞれで地下水バイパス、陸側遮水壁（凍土壁）の導入が対策として記された。[*3]

しかし、汚染水の流出は止まらなかった。2013年6月19日には、1・2号機のタービン建屋の地下水から高濃度のトリチウムが検出され、7月22日には汚染された地下水が海に流出していることを東京電力が認めた。さらに同年4月には地下貯水槽から、8月にも貯水タンクから汚染水が環境中に漏洩した。[*4]

このような汚染水問題の深刻化を受けて、政府は2013年9月3日、「汚染水問題に関する基本方針」を決定し、「今後は、東京電力任せにするのではなく、国が前面に出て必要な対策を実行していく」とした。[*5]政府は福島第一原発の廃止措置について、事故を起こした東京電力に一義的に責任を負わせ、実行も任せていた。ところが汚染水問題については、政府自らが意思決定や実行面での責任を負うと決意表明したのである。

具体的には、「廃炉・汚染水対策関係閣僚等会議」「廃炉・汚染水対策現地事務所」「汚染水対策現地調整会議」を設置した。さらに、国が前面に立って取り組む必要があるものについては、財政措置も行うこととした。要するに、他の廃止措置は基本的に東京電力が負担するとしたのに対し、汚染水問題には税金を投入するというのである。これは廃止措置の中で汚染水問題は特別扱いするとしたのにほかならず、その後の意思決定や実行面で大きな影響をもたらすことになった。

その背景には、直後に安倍首相が国際オリンピック委員会（IOC）で行った誘致演説がある。その演説で首相は、上記のような状況にあるにもかかわらず次のように述べた。[*6]

福島について、お案じの向きには、私から保証いたします。状況は、統御されています。東京にはいかなる影響にしろ、これまで及ぼしたことはなく、今後とも及ぼすことはありません。（傍線筆者）

　この演説を聞いた当時の東京電力の担当者は、福島県内での民主党ヒヤリングに対して「今の状態はコントロールできていない」と述べていたのである[*7]。この演説は、政府と東京電力に対する不信の種をまいたといってもよく、その後の政府・東京電力の汚染水対策に大きな影をもたらした。

② 2015年の約束と2018年の処理水データ問題
　政府は、汚染水対策に「前面に立って」取り組むとした体制として、「汚染水処理対策委員会」を設置し、その下に「陸側遮水壁タスクフォース」「トリチウム水タスクフォース」「高性能多核種除去設備タスクフォース」「多核種除去設備等処理水の取り扱いに関する小委員会」を設置した。これに加え、地元福島県の住民や漁業者などとの信頼関係を構築すべく、「廃炉・汚染水・処理水対策福島評議会」を設置し、2014年2月17日に第1回を開催した。その第6回（2015年1月7日開催）のやり取りの中で、政府側の代表から次の発言があった[*8]。

　　それぞれに関係のあられる関係者の方々に十分ご説明をし、ご理解を得ていくプロセスが不可欠だと思っております。そういう関係者の方の理解を得ることなくしていかなる処分もとることは考えておりません。（原文のまま、傍線筆者）

　この言葉はその後、東京電力から地元福島県漁業組合への回答書[*9]の中で、以下のように明記された。

　　検証等の結果については、漁業者をはじめ、関係者への丁寧な説明等必要な取組を行うこととしており、こうしたプロセスや関係者の理解なしには、いかなる処分も行わず、多核種除去設備で処理した水は発電所敷地内のタンクに貯留いたします。（傍線筆者）

この約束はその後、政府の決定に大きな制約を課すことになるが、この時点では地元との信頼関係構築に肯定的な影響を与えたと思われていた。

　このような地元との評議会に加え、「処理水」の取り扱いについては、社会的な観点等を含めて総合的に検討する「多核種除去設備等処理水の取り扱いに関する小委員会」（以下ALPS小委員会）が、公開の場で「説明会・公聴会」を開催している。

　2018年8月30〜31日に行われた「説明会・公聴会」では、「処理水」にはトリチウム以外の放射性核種が基準値以上の濃度で含まれていることが明らかにされ、そのデータ公開について疑念が出された[*10]。この問題は「説明会・公聴会」の直前に河北新報が報道して、大きな反響を呼んだのであった[*11]。なぜなら、「説明会・公聴会」に提出された東京電力の資料では、トリチウム以外の核種は「検出限界値以下（ND）」とされていたからである[*12]。

　それまで「処理水」の安全性は、「トリチウム水」に焦点が絞られていた。ところが「処理水」にトリチウム以外の核種が含まれているのでは、前提条件が変わってしまう。この問題は、地元を含め多くの関係者との信頼関係に大きな影響を与えた。これについては本章の(2)でさらに検討する。

③ 2021年の放出決定と関係者の反応

　上記の「ALPS小委員会」は2020年2月10日、最終報告書を発表した[*13]。ALPS小委員会は技術的な選択肢として、「トリチウム水タスクフォース」が取り扱った5つの処分方法から、現実的な選択肢として、実績のある「水蒸気放出」と「海洋放出」を選んだ[*14]。社会的影響についても評価したが、この観点からは「処分方法の優劣を比較することは難しい」とした。風評被害についても検討し、「ALPS処理水を処分した場合にすべての人々の不安が払しょくされていない状況下では、ALPS処理水の処分により、現在も続いている既存の風評への影響が上乗せされると考えられる」と結論づけた。最後に「取りまとめに際して」と題して、政府に対し最終決定のやり方について以下のように提言している。

　政府には、本報告書での提言に加えて、地元自治体や農林水産業者を

始めとした幅広い関係者の意見を丁寧に聴きながら、責任と決意をもって方針を決定することを期待する。その際には、透明性のあるプロセスで決定を行うべきである。（傍線筆者）

　この提言が出された約1年後の2021年4月、「廃炉・汚染水・処理水対策関係閣僚等会議」は「海洋放出」を基本方針として決定した。[*15]そして、その実施は2年後をめどとすると記者会見で発表した。[*16]
　この決定に対し、各方面から反対の意見が出された。その反対意見を大きく分類すると、①処理水に対する安全性への不安、②それに伴う「風評被害」や補償対策への不安、③2015年の「約束」違反、の3つに分類される。この中で地元の漁業関係者が最も問題にしたのが、③の「約束違反」である。福島県漁業協同組合連合会（福島県漁連）の野崎　哲会長は以下のように述べている。[*17]

　　この件に関してちゃんとした説明がなければ、これからの施策も反故(ほご)にされる懸念がある。しっかりとした説明をしてほしい。

これに対し、梶山経産大臣（当時）は次のように答えた。[*18]

　　実際の放出が始まるまでに約2年あるし、それまでの期間を最大限活用して懸念を払拭して理解を深めていただくべく全力で取り組んで行く。福島県漁連、全漁連ともに対話の窓口は続いていると認識している。色々な対策を打った上で説得を続けていく。

　この時点では実際の放出までに2年の猶予があり、その間を利用して関係者との信頼回復を目指すというのが政府の方針であり、また関係者たちの期待でもあった。ALPS小委員会の委員でもある福島大学の小山教授は、そのような期待を込めて次のように述べている。[*19]

　　放出を強行することが風評を拡大してしまうので、そうならないよう政府と国民の間の信頼関係を築く取り組みができるかどうかが重要だ。そのためには汚染水と処理水の違いなどを理解してもらうための国民的

議論が必要だ。

　果たして、政府や東京電力は放出実施までの2年間を有効に活用して、信頼回復に成功したのだろうか。その期待は、2023年の放出強行で見事に裏切られることになる。

④ 2023年の放出実施とその後の世論

　政府は2023年8月22日の関係閣僚会議で、処理水放出の条件は整ったとして海洋放出の実施を最終決定し、東京電力に対して速やかに海洋放出の開始に向けた準備を進めるよう求めた。開始の日程は8月24日を見込むとした。[20]

　全国漁業協同組合連合会（全漁連）はこの決定に先立つ6月22日、「処理水の海洋放出には反対であることはいささかも変わるものではない」とする特別決議を採択した。[21] また、福島県漁連の野崎会長は8月の政府発表の後、「科学的な安全と社会的な安心は異なるもので、風評被害がなくなるわけではない」と指摘して、以下の声明文を発表した。[22]

　　これまで一貫して申し上げてきた通り、漁業者・国民の理解を得られない海洋放出に反対であることはいささかも変わるものではない。（一部略）廃炉に向けた取り組みは数十年の長期に及ぶことから漁業者の将来にわたる不安を拭い去ることはできない。（一部略）国においては、科学的な安全性のみならず社会的な安心を確保し、本県の漁業者やその後継者が子々孫々まで安心して漁業を続ける環境が損なわれることがないよう（一部略）岸田総理の約束を確実に履行していくことを、強く求めるものである。

　また、放出に反対する住民などがこの決定に対し、原子力規制委員会に対して「海洋放出計画の認可取り消し」を求める訴訟、さらに東京電力に対しても「放出の差し止め」を求める訴訟を起こすと発表した。[23]

　海外からも海洋放出に反対する声が上がり、特に強い反対を表明したのが中国であった。中国は海洋放出が実施された直後、「きわめて利己的で無責任な行為である」と述べて日本産水産物の全面禁輸を発表した。[24]

一方、この間の国際原子力機関（IAEA）による包括的評価報告書（後述）の発表などもあって、少なくとも日本国内においては安全性に対する理解が少し進んできたとの世論調査（言論NPOと中国国際伝播集団の共同調査）が2023年10月に発表された。[25] その結果は、日本では処理水の放出に対して「大変心配している」「ある程度心配している」の合計が33.2％で、「あまり心配していない」「全く心配していない」の37.3％を下回った。一方、同じ調査で中国では「大変心配している」が22.1％、「ある程度心配している」が25.5％と、合計で50％に近い人たちが「心配」との結果であった。

　こういった状況を考えると、処理水放出をめぐって一部で理解が進んできたとはいえ、関係者との信頼関係は依然として不十分な状況が続いており、特に地元漁業者との「約束違反」による信頼喪失が大きな課題として残っている。

⑵「科学的説明」は十分か：信頼につながらない説明

　東京電力と政府は処理水放出に反対する人に対して、「科学的根拠に基づく説明」で理解をすすめるとしている。それでは果たして、これまでの説明は科学的に見て十分だったのだろうか。

①「処理水」は「トリチウム水」ではない事実

　「処理水」と「汚染水」の違いについては、上述したように処理水の中にトリチウム以外の放射性核種が基準値以上の濃度で含まれている事実が明らかになった。そこで東京電力はこれを「処理途上水」と呼び、放出前に二次処理を行ってトリチウム以外の放射性核種を除去して基準値以下にし、トリチウムだけが基準値を超えた状態のものを「処理水」と定義した。[26]

　では「処理水」を、「トリチウム水」と言い換えていいのだろうか。

　確かに計画通りに進めば、他の核種は規制基準値以下になる。とはいえ他の核種がゼロになるわけではなく、その点は東京電力も認めている。環境影響や人体に与える影響も、当然ながら他の核種も含めての評価とすべきだ。

　ちなみに他の原発から排出される「トリチウム水」には、他の核種が含まれることが極めて稀である。このことを踏まえれば、今回放出される「処理水」を他の（過酷事故を起こしていない）原発から日常排出される「トリチウム水」

と同じ呼び方にするのは、誤解を生むものである。

　上述したように2018年8月の説明会では、「処理水にはトリチウム以外は含まれていないという前提」（他の核種は検出限界値以下[ND]）と説明していた。ところが実際はALPSの性能にばらつきがあって、現時点では一次処理水の65％には無視できない量のトリチウム以外の核種が含まれており、この中には基準値を大幅に上回るもの（100倍〜1万9009倍）が5％もある。^{*27}この事実はこの説明会直前にマスコミで報じられるまでは、十分に説明されてこなかったのである。

　この問題に関連のある事故が2023年10月に発生した。報道によると10月25日、汚染水の処理設備の配管洗浄作業（ALPS装置で処理をする準備段階）中に、放射性物質を含む廃液をタンクに流すホースが外れて作業員5人に廃液がかかり、その内監視役の作業員2人が汚染され被曝する事故が起きた。この事故に関しての報道を時系列で追うと下記の通りである。

- 10月25日：作業員5人に廃液がかかるトラブル。いずれも防護服などを着用していたが2人は被曝。除染しても放射線量が基準を下回らなかったため病院へ搬送^{*28}
- 10月30日：飛散した廃液量は、当初100ミリリットルと公表していたが、その後の聞き取りでその数十倍に上るとみられる。さらに2人は、着用が義務づけられている防水性のあるカッパを着用していなかった^{*29}
- 11月24日：元請けの東芝エネルギーシステムの原因分析によると、ホースの固定位置が不適切でホースが外れて汚染水が飛散した。また、現場にいなければいけない班長が、下請け3社のうち1社で不在であった。タンク周囲を遮蔽してから作業すべきなのに、遮蔽していなかった。これらは明らかにルール違反である。^{*30}

　このように報道された情報を見る限り、汚染水の取り扱いについて十分な管理ができていないことがうかがえる。また東京電力の情報公開の正確性・迅速性についても疑問符がつく。

　いずれにせよ、今回対象となっている汚染水の処理は困難で前例のない作業であるという認識が必要であり、他の原発から出されている「トリチウム水」

と同等に比較することは適切ではないだろう。この点について、西村経済産業大臣も9月8日衆議院の質疑応答の中で、「ALPS処理水の海洋放出は前例がない初めてのもの」とようやく認めた。[31] 政府・東京電力はこの事実をもっと正確に説明すべきだろう。

② IAEA包括的評価報告書：その説明で十分か

日本政府は2021年に処理水海洋放出の基本方針を発表した後、ALPS処理水の処分作業についての国際的な信頼性を確保すべく、国際原子力機関（IAEA）に海洋放出の安全性の評価を依頼した。IAEAはその最終報告書「包括的評価報告書」を2023年7月4日に発表し、今回の「処理水」の海洋放出計画は関係する「国際基準に合致（consistent）」しており、「人体や環境に与える影響は無視できる程度（negligible）にとどまる」と結論づけた。[32] 政府は2023年8月に放出の最終的決定をしたが、IAEA報告書のこの結論が今回の放出計画に安全面でのお墨付きを与えた、と解釈したものと推測される。

しかし、この報告書は「包括的」と呼ばれているものの、安全性の評価の基になっているデータやサンプルは今回8月に放出される予定であった処理水から一部提供されたものであり、「処理途上水」の取り扱いは評価の対象外となっている。IAEAはこの点を踏まえ、今後も政府の要請に応じて「処理水放出のレビューを継続していく」と述べており、あくまでも現段階での放出計画の安全性を評価したもの、という限定付きのものにすぎない。

さらに、「国際基準と合致」しているという結論に異論が出ている。太平洋諸島フォーラムが設置した独立専門家パネルの報告書は、この点について次のように批判した。[33]

> IAEAの一般安全基準ガイド（GSG）No.8には「利益が個人や社会にもたらす負の影響を上回ることの証明」（決定の正当化）が求められているが、今回は「政府の決定後の評価」であるため、報告書にはこの評価が含まれていない。

IAEA報告書も上記の事実を認めており、その序文においてグロッシ事務総長は「報告書は（政府の決定後の評価なので）日本政府の決定を推薦するもので

もなければ、承認するものでもない」と述べた。IAEAの基準の中で、国際的な影響をもたらす海洋放出にあたってこの点は特に重要であり、事故炉の「処理水」は通常の原発から排出される「トリチウム水」とは質的に異なることが改めて認識させられる。

　同様に、今回の放出は「放射性廃棄物の放出」であり、通常運転中の「排水」とは質的に異なる。放射性廃棄物の海洋放出となると、放射性廃棄物管理の安全に関する条約や廃棄物の海洋時を禁止するロンドン条約に違反する恐れ[*34][*35]も出てくる。繰り返しになるが、この点においても今回の「処理水放出」は、他の原発からの「トリチウム水」排出とは根本的に異なる、という認識が必要だ。

③ 時期、必要性、代替案の提示は十分か

　今回のALPS処理水放出の必要性・時期について、政府は以下の説明を行っている[*36]。

1) 福島の復興には廃炉の円滑な進行が不可欠である
2) 廃炉を進めていくうえで、使用済み燃料の取り出し、溶融燃料（デブリ）の取り出しは不可欠であり、取り出した後の貯蔵スペースが必要である
3) すでに処理水の貯蔵タンクは1000基以上になっており、スペースが不足する恐れがある
4) これらの状況を乗り越えるためにALPS処理水の処分は避けて通れない

　これに対し、汚染水問題をはじめ、福島第一原発の廃炉全体について総合的に分析・提言してきた原子力市民委員会は、2020年10月に「福島第一原発廃炉措置全体のロードマップを見直すべきだ」[*37]という提言を、さらに2021年4月、最近では2023年7月にも声明[*39]を発表し、一貫して「廃炉プロセス全体の見直し」[*38]を提言している。さらに具体的代替案として、汚染水の「長期貯蔵」及び「モルタル固化案」も提案している。

　ここまで検討してきたように、そもそも廃炉措置の計画全体が不透明で、放出の必要性として挙げられている「溶融燃料デブリ」の取り出しも方法が不明確であり、取り出すスケジュールも全く不透明な状況である。したがって今回

のように放出を実施しても、廃炉が円滑に進められる保証はない。なお原子力市民委員会は、IAEA報告書が海洋放出の科学的根拠とならない点も指摘している。

　代替案についても、「トリチウム水タスクフォース」の報告が前提となっているが、それ以外の代替案については検討が十分にされていない。前述の太平洋諸島フォーラムの専門家パネルも、海洋放出ではなく「ALPS処理水を直接固化する」案を提案している。

(3) 決定プロセスに問題はなかったか

① 不透明・不明確な廃炉措置・汚染水処理決定プロセス

　「処理水海洋放出」に至るまでの決定プロセスについても検証が必要だ。

　政府は上述のように2014年から、多くの委員会やタスクフォースを設置し、地元との協議会も同時並行で開催していた。さらにIAEAに依頼して、客観的な安全性評価も実施してきた。おそらく政府は、技術面での評価のみならず地元との対話も、十分に行ったと認識したものと推測される。上記の過程を他の廃炉措置の意思決定に比べれば、はるかに透明であるし地元との協議の機会も多かったといえるであろう。それなのになぜ、依然として地元からの反対や周辺国からの批判が絶えないのであろうか。

　その理由の第1は、2015年の地元との約束（法的拘束力は持たない文書）をどう解釈するかで、政府と地元で認識が一致していないことだ。この文書そのものは東京電力が地元の漁連協同組合に出したものであるが、地元にとってこれは「地元の理解なしには処分は行わない」という明確な約束であり、これを破るならば信頼は直ちに損なわれると認識している。ところが政府は、この文書に書かれた「理解」について、説明を十分に行った段階で理解が少しでも進めば、「処分の条件は満たされた」と認識しているようだ。この認識の不一致は重大であり、そもそもこの文書を東電が出した目的が地元との信頼関係の構築であったことを踏まえれば、政府は地元の認識を優先すべきである。

　政府は、このような認識の不一致が、結果として「信頼喪失」につながった事実を受け止める必要がある。なぜそうなってしまったかといえば、住民との「協議」はなされたけれども「説明」が中心であり、本来の意思決定プロセス

に不可欠である住民「参加」にまで至っていなかったからである。

　原子力発電所の再稼働でも似たような「約束」が、地元との間で「安全協定」という形で存在している。ところがこちらは、首長と事業者との正式な文書であり、法的拘束力を持たないとはいえ、事実上の契約に近い効力をもっている。処理水の処分についても、首長との間で同様な協定を結ぶこともあり得たのではなかろうか。

　第2は上記とも関連するが、汚染水・廃炉措置全体の意思決定プロセス自体が明確でないことである。廃炉措置全体の責任は現在でも東京電力にあるが、「汚染水対策」は「国が前面に立って」対策を実施するという、特異なプロセスが形成されてきた。ところが、少し考えれば分かるように、そもそも汚染水問題は廃炉プロセスの一部である。したがって政府が、この部分だけ取り出して前面に立つというやり方は、廃炉措置の意思決定・実行プロセスをより複雑化させてしまったのである。

　そもそも、廃炉措置そのものの意思決定プロセスが不明確・不透明であり、責任の所在も明確ではない。昨今は処理水の処分に焦点が当たっているが、本来は廃炉措置全体の意思決定プロセスが明確にされなければならない。そのためには、法的根拠をもつ意思決定プロセスを構築する必要がある。

　ところで現時点においても、重要なキーワードとなった「処理水」には法的な定義がないままである。そうであるから、「汚染水」と呼ばれたり「処理途上水」と称されたり、あいまいな分類が登場したりする。「海洋放出」の定義も必要だろうし、そもそも放出の上限濃度もトリチウム水に集中して「1リットル当たり1500ベクレルは規制基準値の40分の1である」と説明されているが、これは2014年から実施している「地下水バイパス」の排出基準と同様なだけで、他の核種の存在を考慮した基準値とはいえない。

② スリーマイル島原発事故時の決定プロセスとの比較

　実は、1979年に起こったスリーマイル島（TMI）原発事故の際にも、汚染水の処分が大きな問題となった。その時の顛末（てんまつ）を知ることは福島第一原発の汚染水問題の解決にも役立つと思われるので、ここに簡単にその経緯を紹介する。[*40]

　・米国原子力規制委員会（NRC）と原子力事業者GPU電力は、処理水を近く

のサスケハナ川に放出する方針を決定した。しかし、河川水は飲料水として利用されていたので、地元住民や自治体がこれに反対した。地元の環境団体と下流のランカスター市は、環境政策法及び水質浄化法違反としてNRCとGPUを提訴した

・それでも決定は変更されず、裁判の長期化が懸念されたのでランカスター市はNRCとGPUに和解策を持ちかけ、1980年2月に和解協定が成立した。これにより、NRCが環境影響評価を完成させるまで、処分は保留されることになった。ここで、延期を決定したことと保留期間中に代替案を検討するとしたことを、法的拘束力のある文書に書かれたことが重要である。ちなみにこの和解文書において、処理水の定義も明確化された

・1980年11月、NRCの助言機関として、「TMI原発汚染除去市民助言パネル」が設置された。その目的は、汚染除去活動（処理水だけではない）に周辺住民の意見を取り入れて、意思決定に立地州政府を参加させることだった。同パネルには周辺自治体の代表者、科学者、州政府担当者などの常任メンバーに加えて広く一般市民が参加し、会合は報道機関にも公開された

・1981年3月にNRCの環境影響評価報告書が公表され、最終処分の決定は汚染水の低減化処理作業が完了するまで延期することが明らかとなった。その後も住民との対話が継続され、最終的には1989年、処理水を蒸発させて大気放出することが決定された

　このプロセスからは重要な視点として、「法律で規定された決定プロセス」「住民を含む幅広い関係者の意思決定への参加」「一度決定した対策に固執せず、延期や代替案を検討する真摯な取り組みと柔軟性」などが挙げられる。福島第一原発の処理水対策の意思決定プロセスと比較して、学ぶことがとても多い。

(4) 信頼回復に向けての具体的提案

　海洋放出に関する問題は、「トリチウム水」の安全性だけにはとどまらない。今回の作業自体はまさに「前例のない複雑で困難な作業」で、廃炉措置全体にも関わるものでもあり、さらに関係者との信頼回復も大きな課題である。

ではどうすればよいか。以下のように３つの提案をしたい。

① この問題は、科学だけでは解決できない問題（「トランス・サイエンス」問題）であり、このことを認識して対策を練り直す。

　　「トランス・サイエンス」問題とは、「科学が問いかけることのできる問題ではあるが、科学では解決することができない問題」（A. ワインバーグ[*41]）のことであり、海洋放出に関する問題は典型的な「トランス・サイエンス」問題である。したがって「科学的説明」だけ行っても、なかなか解決には結びつかない。

② 海洋放出を一時停止し、現在実施している海洋放出を「実証試験」として位置付けを変更し、その間に代替案の検討や関係者間との信頼構築を図る。そして最終決定は、実証試験後まで延期する。

　　現在のように処分方法に対する信頼が得られていない状況を継続するのではなく、信頼回復に向けた対策を講じる必要がある。そのためには不明瞭な意思決定プロセスを変えて、明確化することが求められる。その第一歩として海洋放出を一時停止して、反対している地元漁業組合などとの対話を再開する。実証試験として位置付ければ、ALPSの運転信頼性や放出の環境に及ぼす影響など、現時点で不十分と思われるデータを確保することに力を注ぐことができる。またこの期間を利用し、あらためて代替案を検討したり関係者間との対話を進めたりすれば、信頼を構築することができる。

③ 福島第一原発の廃炉措置全体について、法律で規定される明確な意思決定プロセスを決定する。

　　現在の意思決定プロセスは不明確で、法的な担保もできていないし、意思決定の最終責任も（廃炉措置と汚染対策でそれぞれ異なるのが典型例だが）明確ではない。ちなみにTMI事故の除染対策では、政府・NRCが意思決定に最終責任を負った。

　　通常の廃炉措置は明確に法で規定されているが、事故炉の廃炉措置は法的には規定されていない。チェルノブイリ原発の廃止措置については「チェルノブイリ廃炉法」（1998年）があるが[*42]、これも参考にして、廃炉措置全体の意思決定プロセスを法定化することが望ましい。なぜならば、

「海洋放出の必要性やタイミング」は全体の廃止措置計画との兼ね合い
で決められるものであり、この観点から評価し直す必要がある。その際、
意思決定の合理性や客観的評価を担保するために、廃止措置全体を監視・
評価する「第三者監視機関」を設置して、関係者からの信頼を得ること
が不可欠となる。

　これらの提案は、関係者の信頼が失われた状況で海洋放出を実施している状
況から、まず信頼を回復し、廃炉措置に関するより望ましい意思決定が行われ
る状況に転換していくために行った。念のために付言しておくと、この提案は
現在の海洋放出の正当性をすべて否定するものではないし、代替案の検討への
道をふさぐものでもない。

参考文献と注

＊1　東京電力、福島第一原子力発電所2号機取水口付近からの放射性物質を含む
　　液体の海への流出について、2011年4月2日.
　　東京電力、福島第一原子力発電所3号機取水口付近からの放射性物質を含む水の
　　外部への流出の可能性について、2011年5月11日.

＊2　原子力災害対策本部政府・東京電力中長期対策会議、東京電力㈱福島第一原
　　子力発電所1～4号機の廃止措置等に向けた中長期ロードマップ、2011年12月21
　　日.
　　http://www.cas.go.jp/jp/genpatsujiko/pdf/111221_01b.pdf、2023年11月27日閲覧.

＊3　青山寿敏、国立国会図書館調査及び立法考査局経済産業課、福島第一原発の
　　汚染水問題、調査と情報-ISSUE BRIEF-、第839号、2015年1月8日.
　　https://dl.ndl.go.jp/view/download/digidepo_8891268_po_0839.pdf?contentNo=1、
　　2023年11月27日閲覧.

＊4　同上、3頁.

＊5　原子力災害対策本部、東京電力㈱福島第一原子力発電所における汚染水問題
　　に関する基本方針、平成25（2013）年9月3日.
　　https://www.meti.go.jp/earthquake/nuclear/pdf/osensuitaisaku_houshin_01.pdf、
　　2023年11月27日閲覧.

＊6　安倍晋三首相、IOC総会における安倍総理プレゼンテーション（日本語訳）、

2013年9月7日.

https://warp.ndl.go.jp/info:ndljp/pid/8833367/www.kantei.go.jp/jp/96_abe/statement/2013/0907ioc_presentation.html、2023年11月27日閲覧.

*7　日本テレビ、汚染水問題・コントロールできていない－東電、2013年9月13日. https://news.ntv.co.jp/category/politics/236201、2023年11月27日閲覧.

*8　経済産業省資源エネルギー庁電力・ガス事業部原子力政策課、第6回廃炉・汚染水対策福島評議会（議事録）、53頁、平成27（2015）年1月7日. 糟谷廃炉・汚染水対策チーム事務局長補佐の発言.

https://www.meti.go.jp/earthquake/nuclear/decommissioning/committee/fukushimahyougikai/2015/pdf/150409_01n.pdf、2023年11月27日閲覧.

*9　東京電力㈱代表取締役社長　廣瀬直巳、福島県漁業協同組合連合会代表理事会長　野崎　哲様宛、東京電力㈱福島第一原子力発電所のサブドレイン水等の排水に対する要望書に対する回答について、平成27（2015）年8月25日.

https://www.tepco.co.jp/news/2015/images/150825a.pdf、2023年11月27日閲覧.

*10　多核種除去設備等処理水の取り扱いに係る説明・公聴会（動画）、2018年8月31日.

https://www.youtube.com/watch?v=vrsHiHT0jNE&list=PLcRmz7bR5W3m2sPFq-96ZV2J6Pd4gpibB&index=3、2023年11月27日閲覧.

*11　木野龍逸、トリチウム水と政府は呼ぶけど実際には他の放射性核種が1年で65回も基準超過、Yahoo ニュース、2018年8月27日.

https://news.yahoo.co.jp/expert/articles/5a01717f34fcf4e7a7703e14049a798a72401cc7、2023年11月27日閲覧.

*12　東京電力、多核種除去設備等処理水の取り扱いに関する小委員会　説明・公聴会　説明資料、2018年8月.

https://www.meti.go.jp/earthquake/nuclear/osensuitaisaku/committtee/takakusyu/pdf/HPup3rd/5siryo.pdf、2023年11月27日閲覧.

*13　多核種除去設備等処理水の取り扱いに関する小委員会、多核種除去設備等処理水の取り扱いに関する小委員会　報告書、2020年2月10日.

https://www.meti.go.jp/earthquake/nuclear/osensuitaisaku/committtee/takakusyu/pdf/018_00_01.pdf、2023年11月27日閲覧.

*14　トリチウム水タスクフォース、トリチウム水タスクフォース報告書、平成28

(2016) 年6月。5つの選択肢は、「地層注入」「海洋放出」「水蒸気放出」「水素放出」「地下埋設」であり、「地層注入」と「地下埋設」については、現時点で規制・基準が存在しないと評価していた。

https://www.meti.go.jp/earthquake/nuclear/osensuitaisaku/committtee/tritium_tusk/pdf/160603_01.pdf、2023年11月27日閲覧.

＊15 廃炉・汚染水・処理水対策関係閣僚等会議、東京電力ホールディングス株式会社福島第一原子力発電所における多核種除去設備等処理水の処分に関する基本方針」、令和3（2021）年4月13日.

https://www.meti.go.jp/earthquake/nuclear/hairo_osensui/alps_policy.pdf、2023年11月27日閲覧.

＊16 首相官邸、ALPS処埋水の処分等についての会見」、令和3（2021）年4月13日.

https://www.kantei.go.jp/jp/99_suga/statement/2021/0413_2kaiken.html、2023年11月27日閲覧.

＊17 NHK Web特集、なぜ反対？ 処理水放出決定に福島からは、2021年4月26日.

https://www3.nhk.or.jp/news/html/20210426/k10012993691000.html、2023年11月27日閲覧.

＊18 同上.

＊19 同上.

＊20 廃炉・汚染水・処理水対策関係閣僚等会議、ALPS 処理水の処分に関する基本方針の着実な実行に向けた関係閣僚等会議、「東京電力ホールディングス株式、会社福島第一原子力発電所における多核種除去設備等処理水の処分に関する基本方針」の実行と今後の取組について（案）、令和5（2023）年8月22日.

https://www.kantei.go.jp/jp/singi/hairo_osensui/dai6/siryou2.pdf、2023年11月27日閲覧.

＊21 足立優心・西堀岳路・福地慶太郎、原発処理水放出、全漁連が「反対」 政府の対応を「重く受け止める」、朝日新聞、2023年6月22日.

https://digital.asahi.com/articles/ASR6Q5G4TR6QUTFK003.html、2023年11月27日閲覧.

＊22 福島民友新聞、|福島県漁連会長、社会的な安心、確保を 処理水放出で声明、2023年8月25日.

https://www.minyu-net.com/news/sinsai/news/FM20230825-800761.php、2023

年11月27日閲覧.

＊23　NHKニュース、処理水24日にも放出　反対の住民など中止求め来月提訴へ、2023年8月23日.

https://www3.nhk.or.jp/news/html/20230823/k10014171781000.html、2023年11月27日閲覧.

＊24　BBCニュース（日本語版）、「中国が水産物禁輸で報復、福島第一原発の処理水放出が生み出した論争、2023年8月25日.

https://www.bbc.com/japanese/features-and-analysis-66613002、2023年11月27日閲覧.

＊25　日本経済新聞、処理水放出　中国「心配」47.6％　日本は対中感情が悪化、2023年10月10日.

https://www.nikkei.com/article/DGXZQOUA101BE0Q3A011C2000000/、2023年11月27日閲覧.

＊26　東京電力㈱、処理水ポータルサイト：ALPS処理水の処分.

https://www.tepco.co.jp/decommission/progress/watertreatment/oceanrelease/、2023年11月27日閲覧.

＊27　東京電力㈱、処理水ポータルサイト：ALPS処理水の放射能濃度、2023年6月30日現在.

https://www.tepco.co.jp/decommission/progress/watertreatment/alpsstate/、2023年11月27日閲覧.

＊28　NHKニュース、福島第一原発　汚染水処理設備で作業員5人に誤って廃液かかる、2023年10月25日.

https://www3.nhk.or.jp/news/html/20231025/k10014237651000.html、2023年11月27日閲覧.

＊29　NHKニュース、福島第一原発　廃液かかるトラブル "飛散した量　公表の数十倍"、2023年10月30日.

https://www3.nhk.or.jp/news/html/20231030/k10014242421000.html、2023年11月27日閲覧.

＊30　東京新聞、ルール違反と認識しながら－慣れで慢心も作業員の被ばくから見えた福島第一原発のずさん管理　処理水放出から3か月、2023年11月24日.

https://www.tokyo-np.co.jp/article/291870、2023年11月27日閲覧.

*31 衆議院経済産業委員会、農林水産委員会連合審査会、東京電力福島第一原子力発電所におけるALPS処理水に関する件について、2023年9月8日.

https://www.webtv.sangiin.go.jp/webtv/detail.php?sid=7585（動画）、
2023年11月27日閲覧.

この中で、立憲民主党田島麻衣子議員に対する質問に対し、西村経済産業大臣が「ALPS処理水の海洋放出は初めてのこと」と回答している。

*32 International Atomic Energy Agency (IAEA), IAEA Comprehensive Report on the Safety Review of the ALPS-Treated Water at the Fukushima Daiichi Nuclear Power Station", July 2023.

https://www.iaea.org/sites/default/files/iaea_comprehensive_alps_report.pdf、
2023年11月27日閲覧.

*33 Makhijani A., Dalnoki Veress F. D. et al., Minimizing Harm: the concrete option for solving the accumulation of radioactive contaminated water at the Fukushima Daiichi Nuclear Power Plant site—A paper prepared by the Independent Expert Panel to the Pacific Islands Forum, 12 June 2023.

https://cafethorium.whoi.edu/wp-content/uploads/sites/9/2023/06/Concrete-paper-Final-2023-06-12-v-2.pdf、2023年11月27日閲覧.

*34 使用済み燃料管理及び放射性廃棄物管理の安全に関する条約.

https://www.mofa.go.jp/mofaj/gaiko/treaty/pdfs/treaty156_8a.pdf、2023年11月27日閲覧.

この条約では、「発生した国において処分されるべきものである」ことが原則となっており、安全かつ効率的な管理が助長される時に「締約国間の合意」があれば、国外処分も認められる、と認識されている。

*35 廃棄物その他の物の投棄による海洋汚染の防止に関する条約 (ロンドン条約).

https://www.mofa.go.jp/mofaj/ic/ge/page23_002532.html、2023年11月27日閲覧.

この第3条に、「投棄」の定義として「海洋において廃棄物その他の物を船舶、航空機またはプラットフォームその他の人口海洋構築物から故意に処分すること」としている。今回の「海洋放出」はこの「投棄」の定義に当てはまらない、と政府は説明している。

*36 首相官邸、ALPS処理水の海洋放出についての会見」、令和5（2023）年8月21日. https://www.kantei.go.jp/jp/101_kishida/statement/2023/0821kaiken.html、

2023年11月27日閲覧.

＊37 原子力市民委員会、声明：政府は福島第一原発ALPS処理汚染水を海洋放出してはならない。汚染水は陸上で長期にわたる責任ある管理・処分を行うべきである、2020年4月. http://www.ccnejapan.com/?p=12011、2023年11月27日閲覧.

＊38 同、福島第一原発のALPS処理汚染水海洋放出問題についての緊急声明、2021年4月. http://www.ccnejapan.com/?p=12011、2023年11月27日閲覧.

＊39 同、見解：IAEA包括報告書は、ALPS処理汚染水の海洋放出の「科学的根拠」とはならない。海洋放出を中止し、代替案の実施を検討するべきである、2023年7月. http://www.ccnejapan.com/?p=13899、2023年11月27日閲覧.

＊40 尾松亮、マガジン９編集部、「事故炉廃炉」と住民参画—スリーマイルではどう決めたか(1)−①「処理水」処分決定プロセスの日米比較、2021年6月30日. https://maga9.jp/210630-4/、2023年11月27日閲覧.

＊41 Alvin Weinberg, Science and Trans-science, Minerva, Vol.10, No.2, pp.209-222 (1972).
https://link.springer.com/content/pdf/10.1007/BF01682418.pdf?pdf=button、2023年11月27日閲覧.

＊42 尾松亮、廃炉とは何か：もう一つの核廃絶に向けて、岩波ブックレット No. 1066、岩波書店、2022年8月9日.

第6章
処理水問題の解決に向けた
科学・社会両面からの提案

　本章では、第1〜5章に書いたことをふまえて、それぞれの執筆者がALPS処理水問題の解決に向けて、科学・技術的な側面、社会的な側面から代替案を提案する。

(1) 科学の到達点を共有することを前提に

岩井 孝

　私は研究機関において主に高速増殖炉用燃料の研究に30年以上従事した。現役の時から退職した現在に至るまで一貫して、自らの専門知識をもとに、科学的な見地を基礎にして、様々な原子力問題について出版や講演などで発言を続けてきた。原子力に関する様々な問題は、本書のタイトルのとおり、科学的な側面だけでなく、社会的な側面も重要である。私が最も心がけてきたことは、「科学の到達点を共有すること」である。それが、社会的側面も合わせた総合判断の前提となるべきであると考えている。科学には「分かっていること、分からないこと」が存在するが、「分かっている」という到達点はどのような立場であろうとも共有すべきである。そうでなければ、互いの議論がかみ合い、社会的な合意に至ることができないと考える。

　ALPS処理水の海洋放出に関して、様々な意見が聞かれる。トリチウムは自然界にも存在すること、原発の通常運転時にも相当の量が放出されていること、内部被曝への影響は極めて低いこと、そもそも「汚染水」ではなくALPSで浄化され海水で希釈された「処理水」の放出であること、などの科学的知識

がなければ、処理水の海洋放出そのものやそれが今後数十年も続くことなどに不安を感じることは、一般の方にすれば当然である。しかし、本書で示されているように、きちんとした処理プロセスが堅持され適切な監視がされるのであれば、放出される処理水に含まれるトリチウム及びそれ以外の放射性物質による人体への影響は非常に小さいということが「科学の到達点」である。それを共有することを前提として、様々な要因により形成される個人の感情と合わさって、それぞれがこの問題を判断していただくことを望む。また、放出される処理水をあえて「汚染水」と呼び、あたかも非常に危険であるかのような印象を与えることには、私は同意することができない。

　なお、私は処理水の海洋放出について、予想される内部被曝は非常に小さいが、福島県民をはじめとする国民の理解と納得が進んでいないこと、風評被害の拡大を防止することを理由に、当面は海洋放出せずタンク保管を継続すべきであると考える。

(2) 消費者と漁業者の相互理解を深めるには

大森 真

　ALPS処理水放出は、科学の問題だ。データを知見と突き合わせながら、リスクの大きさを的確に理解すること（筆者はしばしばそれを「相場観を持つ」と表現している）がいちばん重要だ。

　その前提には、正しいデータが常に明らかにされることが必要となる。ALPS処理水の放出に反対の立場からも含め、多くの目で監視を続けるべきと思う。それが「科学の目」でさえあれば、データが大きく違うことはないはずだ。

　そして万一、計画を超えるような数値が出た場合、東電は原因究明と対策がなされるまでは放出を停止しなければならない。

　トリチウムが1500Bq/Lを少しでも超えたら健康被害が起きるわけではない（本来の放出基準は6万Bq/Lであるが、この基準自体も安全寄りに決められている）。二次処理水の告示濃度比の総和が1未満というのも、極めて安全寄りの数値であり、これを放出前に海水でさらに薄めるため、リスクはここからさらに数桁

下がる。

　それでも、計画通りに運用は行われなければならない。それは「社会の約束」だからだ。約束が守られるという信頼がなければ、事態は前に進まない。

　ALPS処理水の「社会の問題」として特に重要なのは、消費者と漁業者の相互理解。第3章でも触れたが、政府のこれまでのアプローチはほとんどが漁業者に対してであり、しかも対話というよりもむしろ説得に近いものだったように感じている。消費者の理解を促し、消費者と漁業者を結ぶような機会は、長く作られて来なかったのではないか。

　これからは、消費者と漁業者、そして流通業者も同じテーブルにつき、お互いの疑問や不安・期待等を直接ぶつけ合い、相互の理解を深めていくような場が重要になるだろう。その場に政府関係者や科学者の立会いは必要だが、あくまでコーディネートと必要に応じた解説にとどめ、場を誘導するようなことはあってはならない。主役は消費者・漁業者・流通業者であり、政府は彼らの本音を聞くことに徹するべきだ。その声を十分に吸い上げれば、次に打つべき施策はおのずから見えてくるのではないか。

　ここまで書いて、新たな問題が気になって来た。その場を作るのは政府でいいのか。細心の注意を払って場を準備したとしても、「お手盛り」「息のかかった」といわれてしまうのではないか。残念ながら現在、国民の政府に対する不信感は、このレベルまで達してしまっているように思う。

　筆者は、マスメディアがこのような場を作っても良いのではないかと思う。一つの報道機関ではなく、いくつかの社が共同で企画運営する方が、偏りのないものになるだろう。その会合の詳細を報道することにより、国民もその内容を共有することができる。

　マスメディアに不信感を持つ人もいる。「権力批判さえできればいい」という考え方は、いまだにマスメディアの主流だ。長年の平和の上に敷かれて来たこの主流に乗ることは、記者にとってとても容易な道だ。これまでのマスメディアでは、「是々非々」のスタンスを貫くことの方が難しかった。

　だが、13年前の震災と原発事故により、日本は戦後初めて平和ではなくなった。あの時、多くの国民が自分や家族に降りかかる悲劇を想像したはずだ。

　メディアにたずさわる者一人ひとりが「明日が今より少しでも良いものになるように」という新しく、かつ何よりも重要な価値観に目覚めれば、まだまだ

人の幸せに貢献できる力は持っている。元関係者の一人として、期待したい。

⑶ 科学的な「相場観」を持って、丁寧な情報の伝達と共有を

児玉 一八

　福島第一原発事故が起こって以来、放射線や放射性物質のことを意識せずに日本で暮らすのはむずかしくなってしまった。これはとてもやっかいなことといえるだろう。そういった中で、放射線や放射性物質がからむ問題はさまざまな物質が引き起こす諸問題とは「異質」だ、というような主張も見受けられる。

　ALPS処理水海洋放出のリスクについても、放射性物質という「得体のしれないもの」が生物という「ブラックボックス」の中で、「なにかよく分からない」ことをしでかすのではないかという漠とした不安が、この問題を解決の方向へどう進めるかの合意がなかなか形成できない原因の一つになっているのではないかと筆者は考える。

　それでは、放射線や放射性物質が「なにかよく分からない、得体のしれないもの」かというと、まったくそうではない。レントゲンがエックス線を発見から120年以上が経ち、放射線や放射性物質に加えて放射線影響についても膨大な知見が蓄積され、これらの分野は今日では「かなりよく分かっている」といって差し支えない。

　生物が放射線を浴びる（放射線被曝）と障害が起こる場合があるが、起こるか起こらないか・どんな障害が起こるかは、放射線を「浴びたか・浴びないか」ではなく、「どれくらい浴びたのか」によって決まる。放射線を大量に浴びると生物は死んでしまう。一方、ふつうに暮らしていて宇宙や大地、食べ物から出てくるくらいの量の放射線を心配する必要はない。

　なぜかというと、生物の細胞の中にはDNA損傷を常時監視し、損傷を見つけると直ちにそれを修復する巧妙な仕組みがあるからである。細胞１つ当たりで毎日生じるDNA損傷は数万にも達するから、全身の数十兆の細胞で生じるDNA損傷の数は天文学的である。ところが、永続的な変異として残るのはごくわずかであり、残りは細胞内のDNA修復系が効率よく除去してしまう。も

し生物がこの仕組みを持っていなかったら、生存し続けることは不可能だった。

　DNA損傷というと、放射線の専売特許のようにいわれることがあるが、実際はそうではない。細胞内でとぎれることない酵素反応で起こる偶発的な失敗や、酸素を使った呼吸反応、さまざまな環境物質、紫外線などもDNAに傷をつけている。酵素反応の失敗・呼吸・環境物質などが原因となったDNA損傷のほうが圧倒的に多く、放射線によるものはむしろ少数にすぎない。

　ALPS処理水の海洋放出について、このような知見を踏まえて検討して、「看過できないリスクはない」と第1章第2節に書いた。とはいえ現実にはALPS処理水の処分は、国・東電が国民から信頼を失っていることに起因した、科学コミュニケーションの失敗例ともいえる状況になっている。残念ながらわが国では、他の分野でもこのようなことがしばしば見られる。福島第一原発事故のように甚大な被害をもたらした災害において、こうした失敗は被災した人の苦難をさらに深刻化・長期化させてしまう。

　原発のシビアアクシデント（過酷事故）という「パンドラの箱」は開いてしまったのであって、もはや2011年3月11日「以前」に戻ることはできない。そして事故から10年以上経った現在も、事故炉を廃止していく道筋には多くの困難が横たわっている。ALPS処理水の処分という問題を、関係者や国民の合意を得ながら解決へと進めていくことができなければ、廃炉を完了させることは夢のまた夢となってしまうであろう。

　私たちに降りかかってくるさまざまな危機や災厄を乗り越えていくためには、知恵と科学の力が不可欠である。今後も少なくない時間が必要と思うが、ALPS処理水のもっとも適切な処分法について理解と合意を得るために、放射線や放射性物質に関する科学的な「相場観」を持って、丁寧な情報の伝達と共有を進めることが肝要だと考える。

⑷ 福島第一原発廃炉措置の全体の枠組みを見直せ

鈴木 達治郎

　ALPS処理水の問題はすでに本文で明らかのように、福島第一原発廃炉措置

全体の計画の中でとらえるべき問題である。汚染水対策は特別に政府の関与が強いため、その計画全体が比較的明らかになっている。しかし、処理水放出の時期・必要性などは、廃炉計画全体と密接に関係しているにもかかわらず、計画全体の不透明感は高いのが現実だ。

　技術的にいえば、確かに廃炉措置の全体を現時点で明らかにしていくのは難しい。こうした事故機の廃炉は世界でも前例がなく、困難で極めて長期にわたる作業になることは間違いない。また、当然ながら未知の課題や不測の事態も起こりうる。そのような状況の下で、どのように全体計画を立てていけばよいのか。これは事故直後からの大きな課題であって、現在唯一頼りとなるのが「中・長期ロードマップ」[*1]と呼ばれるものであり、現時点では2019年に発表されたものが最新である。また技術開発については、原子力損害賠償・廃炉等支援機構が毎年「技術戦略プラン」[*2]を発表している。

　これらの計画で、いったい何が問題なのだろうか。おそらく、地元福島の住民や国民が最も不信を抱いているのが、「廃炉措置の最後の姿（エンド・ステートと呼ばれる）」が明確になっていないことではないだろうか。ロードマップが変更されるたびに、作業計画は確実に伸びているにもかかわらず、「30〜40年で廃炉措置終了」という当初の目標に変化がないのも、不信感につながっている。処理水の問題が、国内のみならず国際的にも大きな論議を生んでいる今こそ、廃炉措置全体の計画を明確化すべく、見直す必要があるのではないか。

　ではどのように見直すべきなのか。以下の３点を提案したい。

①「最終の姿」（エンド・ステート）についての議論を始めること

　福島第一原発の廃炉と福島の復興は密接に関係している。住民が安心して地元に帰還できるようになるには、廃炉の見通しが立つことが大前提だろう。しかし現時点では、廃炉措置の最終の姿を描くことは難しい。だからこそ地元住民とともに、廃炉措置の最終の姿はどのようなものがもっとも望ましいのか、技術的可能性を含めて議論を始めるべきではないか。この主体は後述する「廃炉措置機関」が担うのが望ましく、さらに地元の地方自治体住民が誰でも参加できる場が必要だ。また技術的な可能性を議論する場は、国際的に開かれた場所で、選択肢を明示できるような姿にすべきだろう。このような議論があって、はじめて廃炉措置のロードマップも信頼できるものになるのではないか。

② 「廃炉措置機関」及び措置全体のチェックを行う第三者機関を設置し、
　廃炉作業については国が意思決定、最終責任を負うこと

　筆者は当初よりこの廃炉措置作業について、原子力委員会での議論を踏ま
え、とても東京電力㈱1社に責任を負わせて終わるような問題ではないと考え
ていた[*3]。技術的問題もさることながら、費用負担・住民との信頼関係・国際的
な信用などすべてを考えれば、東京電力ではなく国が責任を持つ、専門の「廃
炉措置機関」が必要だと考えていた。また、その透明性・信頼性を確保すべ
く、全体の作業をチェックする「第三者機関」の設置も必要と主張してきた[*4]。
英国の「原子力廃止措置機関（NDA）」をモデルに世界の叡智を集め、透明性
と信頼性を高めた廃炉措置機関を設置するべきだ。

　③ 以上を含め、「福島廃炉措置法」を成立させること

　以上のような措置をとるためには、あらたな法制度が必要となろう。「福島
廃炉措置法」は、「廃炉措置」の定義・責任の明確化・廃炉措置機関の設置・
費用負担・安全規制の確立・住民参加も明記して、意思決定プロセスの明確
化、そして最終の姿に向けた合意形成の進め方などを、法的根拠をもって行う
ようにすべきだ。前述したように、チェルノブイリも最終的な姿は見えていな
いが、現時点での作業に必要な定義や法的責任が明確化されている。

　処理水の問題は、福島第一原発の廃炉措置全体を考え直す、絶好の機会でも
ある。関係者間で、早急に法制化の議論をすすめてもらいたい。

参考文献

＊1　廃炉・汚染水対策関係閣僚等会議、東京電力ホールディングス㈱福島第一原
　　子力発電所の廃止措置等に向けた中長期ロードマップ、令和元（2019）年12月27
　　日.
　　https://www.meti.go.jp/earthquake/nuclear/pdf/20191227.pdf、2023年12月7日閲
　　覧.

＊2　原子力損害賠償・廃炉等支援機構、東京電力ホールディングス㈱福島第一原
　　子力発電所の廃炉のための技術戦略プラン 2023、2023年10月18日.
　　https://dd-ndf.s2.kuroco-edge.jp/files/user/pdf/strategic-plan/book/20231018_

SP2023FT.pdf、2023年12月 7 日閲覧.

＊3　原子力委員会、東京電力㈱福島第一原子力発電所の廃止措置等に向けた中長
　　期にわたる取組の推進について（見解）、平成24（2012）年11月27日.
　　http://www.aec.go.jp/jicst/NC/about/kettei/121127_tyouki.pdf、2023年12月 7 日
　　閲覧.

＊4　鈴木達治郎、原発事故は終わっていない：東日本大震災から10年：5つの教
　　訓を踏まえて、廃止措置や復興対策の改革案を示す、朝日新聞「論座」（アーカ
　　イブ）、2021年 3 月11日.
　　https://webronza.asahi.com/science/articles/2021030900012.html、2023年12月 7
　　日閲覧.

⑸ ALPS処理水の陸上保管を求める

野口 邦和

① ALPS処理水の海洋放出に関する3つの点検基準

　第1章において筆者は、ALPS処理水の海洋放出に関する3つの点検基準を提
示した。繰り返しになるが、点検基準1は、ALPS処理水を希釈して海洋放出
する際の基準は十分に安全なのかどうか。点検基準2は、海洋放出の実施主体
である東京電力は十分に信頼できるのかどうか。点検基準3は、海洋放出する
ことについて、地元住民、漁業関係者、農業関係者など利害関係者の理解と合
意は得られているのかどうか。点検基準1と2は、安全性を担保するために必要
不可欠なものであり、点検基準3は上記利害関係者との信頼関係醸成を担保す
るために必要不可欠なものである。3つの点検基準がすべて満たされない限り、
筆者はALPS処理水の海洋放出に反対であり、廃炉・汚染水・処理水対策関係
閣僚等会議と東京電力に対し、その中止を求める。また、ALPS処理水の陸上
保管を改めて検討するよう求める。

② 最初から除外されていたALPS処理水の陸上保管

　2023年8月から開始されたALPS処理水の海洋放出は、そもそもどのような
経緯により選択されたのかを振り返ってみよう。2020年2月10日、「廃炉・汚染

水・処理水対策関係閣僚等会議」の下にある「汚染水処理対策委員会」の下に設置された「多核種除去設備等処理水の取扱いに関する小委員会」（以下、小委員会）は、「トリチウム水タスクフォース」（以下、タスクフォース）が取りまとめたALPS処理水の5つの処分法について、「地層注入、水素放出、地下埋設については規制的、技術的、時間的な観点から現実的な選択肢としては課題が多く、技術的には、実績のある水蒸気放出と海洋放出が現実的な選択肢である」と結論した。その上で、「海洋放出について、国内外の原子力施設において、トリチウムを含む液体放射性廃棄物が冷却用の海水等により希釈され、海洋等へ放出されている。これまでの通常炉で行われてきているという実績や放出設備の取扱いの容易さ、モニタリングのあり方も含めて、水蒸気放出に比べると、確実に実施できると考えられる」と、事実上、海洋放出を推奨したことに端を発する。

　2点強調したい。1つ目は、タスクフォースの取りまとめた5つの処分法には、最初から陸上保管が選択肢として入っていないことである。ALPS処理水の処分法としての陸上保管は、検討さえされていない。2つ目は、小委員会が報告書の最後の最後に、「政府には、本報告書での提言に加えて、地元自治体や農林水産業者を始めとした幅広い関係者の意見を丁寧に聴きながら、責任と決意をもって方針を決定することを期待する。その際には、透明性のあるプロセスで決定を行うべきである」（傍点は筆者）と政府に注文をつけたことである。しかし、この注文は政府によりほとんど無視された。少なくとも政府が地元住民、漁業関係者、農業関係者など利害関係者の理解を得ようとする姿勢は見えなかった。

③ ALPS処理水を陸上保管する場所はある

　本文の冒頭で、「3つの点検基準がすべて満たされない限り、筆者はALPS処理水の海洋放出に反対であり、廃炉・汚染水・処理水対策関係閣僚等会議と東京電力に対し、その中止を求める。また、ALPS処理水の陸上保管を改めて検討するよう求める」と述べたが、政府・経済産業省筋や自民党筋から陸上保管する場所がないではないかという声があるのも確かである。「福島第一原発サイトをよく見なさい。すでに敷地は目一杯の状態で、空いている所はどこにもない」と、筆者もその筋の人たちから何回かいわれたことがある。

しかし、空いている所はある。2011年3月の福島第一原発事故を受け、同年5月の取締役会で東京電力は同原発7・8号機の増設計画の中止を決定した。そのため同原発5・6号機の北側に位置する7・8号機の増設予定地約150万平方メートル（m²）が空いている。東京電力は、廃棄物を処理する設備、貯蔵庫・保管施設を5・6号機の北側の敷地に造るといっているが、なんとでも融通できるはずだ。

　万が一、東京電力のいうとおり北側敷地に空きが見つからない場合は、福島第一原発の南約11.5キロメートル（km）にある、同じ東京電力の福島第二原発にALPS処理水を輸送する方法もあり得るはずだ。第二原発の敷地は約150万m²あり、第一原発の7・8号機増設予定地の面積に匹敵する。その場合、輸送に利用する道路（陸上輸送の場合）周辺や第二原発周辺に居住する住民の理解と合意を得なければならないことはいうまでもないことである。あるいは、タンカーで海上輸送する方法もあり得る。福島県では、各自治体の仮置き場に保管されていた除染廃棄物を中間貯蔵施設にトラックで陸上輸送した実績がある。その累積輸送量は、2015年から2023年10月時点までで約1367万7000立方メートル（m³）もある。現存するALPS処理水と処理途上水の合計約132万4000m³のおよそ10倍の量である。固体と液体の違いはあるが、技術的にはできないことではないはずだ。

　東京電力は2019年9月に第二原発の全号機の廃止を決定し、2021年6月に廃止措置に着手している。そのための敷地を確保する必要があるとしても、同じ東京電力の所有する原発サイトである。ALPS処理水の陸上保管のための敷地は、なんとでも融通できるはずだ。

　万万が一、第一原発の北側にある7・8号機増設予定地もだめ、第二原発もだめな場合、第一原発に隣接する土地を購入するなり借用するなりして敷地を拡張すれば、ALPS処理水の陸上保管はできるはずだ。

　細かい検討は必要であるとしても、陸上保管の選択肢を最初から除外してALPS処理水の5つの処分法を提示したタスクフォースの取りまとめ方に大きな問題があったと筆者は考える。提示された5つの処分法の中から選ぶとすれば、多くの専門家は海洋放出を選ぶのではないだろうか。小委員会が海洋放出を事実上推奨するように仕向けたタスクフォースの罪は深い。

④ 今後は海洋放出の基準が守られているか等の監視が必要だ

　ALPS処理水の海洋放出に関する３つの点検基準が満たされない限り、海洋放出は許されるべきではない。筆者のこの考えに変更はない。しかし、ALPS処理水の海洋放出が実際に始まった段階では、海洋放出反対、海洋放出中止といっているだけでは済まなくなった。

　少し分かりにくいかも知れないので、一例を挙げよう。原発立地に反対する人々は当然、原発の新増設に反対するに違いない。しかし、反対運動の力及ばずして原発が立地され運転が始まった場合、どうすべきか。原発立地反対という考えを変更する必要はないが、原発立地反対といっているだけでは済まない状況が生まれたのである。この段階で原発立地に反対する人々は何をすべきか。

　1件の重大事故の背景には29件の軽微な事故と300件のヒヤリハットがあるとするハインリッヒの法則を持ち出すまでもない。原発の運転が始まったからには、福島第一原発事故のような重大事故が起こらないように、原発を安全に運転させるように日頃からしっかり軽微な事故・故障やヒヤリハットを監視し、重大事故に至らない安全対策を電力会社等に講じさせる必要がある。また、大事故が起こった場合の屋内退避・避難計画、情報伝達網の確保等、緊急時対策を実効性のあるものに整備する必要がある。

　ALPS処理水の海洋放出についても同様である。幸いにして海洋放出の基準は十分に安全であるから、実施主体の東京電力がこの基準を守るように私たちがしっかり監視する必要がある。海洋放出する対象となる希釈前のALPS処理水のトリチウム濃度はどのくらいか。トリチウム以外の核種の告示濃度比総和は１未満になっているか。希釈して海洋放出する際のトリチウム濃度と告示濃度比はどのくらいか。トリチウム以外の放射性核種の告示濃度比総和とトリチウムを含む全核種の告示濃度比総和はいくらか。希釈をごまかしていないか。福島第一原発沖合の海水中トリチウム濃度等、捕獲される海水魚等に異常値は検出されていないか。処理途上水の二次処理は誠実に行なわれているか。国民がしっかり監視する必要がある。風評被害は避けられないとしても、ALPS処理水の海洋放出の基準が守られている限り、福島県沖で捕獲される海水魚等を摂取することに伴う健康リスクは極めて小さいはずである。こうした監視活

動が、風評被害の拡大を防ぎ、漁業関係者、農業関係者、地元住民や国民の安心・安全につながるものと確信する。

⑹ 地域の意思決定は機能したか

半杭 真一

　この章は「処理水問題の解決に向けた科学・社会両面からの提案」であるが、筆者は農村における意思決定という視点から述べたい。

　ALPS処理水の海洋放出は、被災地が抱える数ある課題の一つでしかない。廃炉ですらそうした課題の一面だと考える。

　筆者の専門である農業についていえば、「農地を担い手に集積して圃場整備をする」と文字で書くのは容易いことを進めていくには、農地を所有したり利用したりする関係者の熟議しかない。他にも農地を維持するための草刈り等の管理作業や、多面的機能に属する祭礼や踊りといった文化の継承のような、農業生産に直接かかわらないことも農村の仕事なのである。農業者にとっては、ALPS処理水の海洋放出がもたらす農産物の風評被害も頭にないわけでもないが、直接的な農産物の販売価格や資材価格の高騰、イノシシやサルの被害など、明日の営農を誰とどう進めていくか、といった経営に関することの方が重要なのではないかと筆者は推察する。また、筆者は相馬市でのプロジェクトに参画しているが、相馬市では田植えと大豆の播種に加えて海苔の仕事も時期的に重なることを不勉強で知らなかった。水稲も大豆も単価安は悩みである。津波被災水田で行われる大規模水田作経営をどうしていくか、と考えるとき、ALPS処理水の海洋放出以外にも多くの課題が立ち現れてくる。

　ALPS処理水の海洋放出をめぐっては、その健康リスクというよりも、決められた処理が確実になされるのか、それが継続して監視されるのか、といったことや、その「決め方」が議論の中心ではないかと思う。住民参加といわれるが、その在り方は地元に届くものなのか、という疑問がある。

　ひがみ・やっかみ・しがらみも含めて地域のコミュニティであるし、地域の課題を解決するのはその地域に住む人々である。これまで受け継がれたものを次世代に引き継いで、これからもその土地で生きていくために、障害は取り除

かなくてはならないし、そこで生活する人にとっての優先順位がある。ALPS
処理水だけでなく、除去土壌の再生利用といった課題をこれから地域は引き受
けなくてはならないが、そこで暮らしていくためには他にもたくさんの決めな
くてはならないことがある。

　ALPS処理水の海洋放出について、住民に対して説明を尽くしたのかという
点については議論もあろう。「集落の集会施設に設置されていた線量計を外す
ことを大字会の皆で決めた」という話を聞いたことがある。この大字会という
組織のことも中央には通じにくいそうだ。それぞれの家庭の事情も含めて互い
のことを知っている中で意思決定をすることが、集落のような小さな単位で行
われてきた。そうした、その土地の「決め方」はもっと尊重されるべきではな
いかと思う。とくに強制避難を経験した地域において、行政にやってもらうの
が当たり前、という意識がやや強いように感じられる時がある。震災前までと
は明らかに異なった状況で、短い期間で重要なことを決定する必要にそれぞれ
の地域が迫られているのは確かであるが、住む土地のことを自ら決めていくこ
とを譲らずに進んでいってほしいし、そこに外から加わった人々との人的な交
流が生まれてほしいというのが筆者の願いである。

あとがき

　東京電力福島第一原子力発電所事故（福島第一原発事故）から12年後の2023年8月、建屋地下に滞留する高濃度の放射性核種を含む汚染水を主にセシウム吸着装置（SARRY）と多核種除去設備（ALPS）により浄化後、海水でトリチウム濃度を1500Bq/L未満に希釈して海洋放出する、いわゆる「ALPS処理水」の海洋放出が始まった。トリチウムの年間放出量は22兆Bqと予め上限枠が国によりはめられているものの、放出は30年以上にわたって続けられる。

　海洋放出の対象となる130万m^3を超える処理水のうち、約35％が「ALPS処理水」、約65％は「処理途上水」である。「ALPS処理水」と「処理途上水」の違いは、トリチウム以外の核種の告示濃度比総和が前者は1未満であるのに対し、後者は1以上であることである。前者はトリチウム濃度を1500Bq/L未満になるまで希釈すれば海洋放出できるのに対し、後者はトリチウム以外の核種の告示濃度比総和が1未満になるまでALPS等により浄化（二次処理）しなければならない。浄化後の海水による希釈と海洋放出の方法は、「ALPS処理水」と同様である。

　国が決めた海洋放出する際の基準は十分に安全なのか。海洋放出する実施主体である東京電力は十分に信頼できるのか。二次処理をごまかす、希釈をごまかすことはないのか。漁業者など利害関係者の理解と合意は得られているのか。近隣諸国、太平洋沿岸諸国への説明は丁寧に行われているのか。「ALPS処理水」の海洋放出をめぐってさまざまな議論が行なわれているが、不正確な論説、危険性を煽っているとしか思えない論説も散見される。そのため、よく分からないという人も多数いるのではないだろうか。

　「ALPS処理水」の海洋放出をどう考えればよいのか。これが本書の出発点であり、「どうするALPS処理水？」はそれをそのまま書名にしたものである。本書は、放射線防護学、生化学、農林水産学、原子力（核）工学の研究者と福島県に在住する報道関係者、地域活動家の8人による共同の著作である。いずれも研究者、報道関係者、地域活動家の立場から福島第一原発事故に関わって

きた人たちである。とはいえ、ALPS処理水の海洋放出についての見解は、著者らの間で必ずしもすべてが一致しているわけではない。それこそがこの問題をめぐる複雑さ、難しさを物語っている。

　繰り返しになるが、ALPS処理水の海洋放出は今後30年以上も続く問題である。事故炉の廃止措置終了までの期間にいたっては、廃炉・汚染水・処理水対策関係閣僚等会議は未だに2041〜51年としているが、国民の誰もがそれを信用していない。事故炉の廃止措置終了がいつになるかが同会議でさえよく分からないため、とりあえず2011年12月に決めた中長期ロードマップの目標行程をそのまま維持しているに過ぎない。少なくとも筆者にはそのように見える。

　おそらく筆者はすでにこの世にいないだろうが、ALPS処理水の海洋放出と事故炉の廃止措置が終了するその日が来るまで、この問題に私たちは世代を超えて関心を払い、注視し続ける必要があるであろう。本書が、漁業関係者、農業関係者、福島県民、原子力発電所周辺に居住する人々はもとより、広く自治体関係者やこの問題に関心を寄せる多くの人々に読まれることを願ってやまない。

（野口　邦和）

著者略歴

岩井 孝（いわい たかし）

1956年千葉県香取郡東庄町生まれ。1979年京都大学工学部原子核工学科卒業、1981年京都大学大学院工学研究科修士課程修了。専攻は原子核工学。1981年日本原子力研究所入所。主に高速増殖炉用プルトニウム燃料の研究に従事。統合により改称された日本原子力研究開発機構を2015年に退職。現在、日本科学者会議原子力問題研究委員会委員。

著書：共著として『どうするプルトニウム』（リベルタ出版）、『福島第一原発事故10年の再検証』（あけび書房）、『気候変動対策と原発・再エネ』（同）など。

大森 真（おおもり まこと）

1957年福島県福島市生まれ。1983年明治大学政治経済学部卒業。同年9月、テレビユー福島開局時に入社。福島県政記者クラブで原発問題などを担当。業務部長、編成部長等を経て、2012年3月より報道部長、同年6月報道局長。2016年春退社し飯舘村役場に転職、現在に至る。

制作番組：報道特番「シリーズ・福島で日常を暮らすために」全6回ほか。

著書：共著として『しあわせになるための「福島差別」論』（かもがわ出版）。

児玉 一八（こだま かずや）

1960年福井県武生市（現在の越前市）生まれ。1980年金沢大学理学部化学科在学中に第1種放射線取扱主任者免状を取得。1988年金沢大学大学院医学研究科博士課程修了。医学博士、理学修士。専攻は生物化学、分子生物学。現在、核・エネルギー問題情報センター理事。

著書：単著として『活断層上の欠陥原子炉　志賀原発』（東洋書店）、『身近にあふれる「放射線」が3時間でわかる本』（明日香出版社）、『原発で重大事故―その時、どのように命を守るか？』（あけび書房）。共著として『放射線被曝の理科・社会』（かもがわ出版）、『しあわせになるための「福島差別」論』（同）、『福島第一原発事故10年の再検証』（あけび書房）、『福島の甲状腺検査と過剰診断』（同）、『科学リテラシーを磨くための7つの話』（同）、『気候変動対策と原発・再エネ』（同）など。

小松 理虔（こまつ りけん）

1979年福島県いわき市生まれ。2003年法政大学文学部史学科卒業。地域活動家。福島テレビ記者、雑誌編集者、かまぼこメーカー勤務などを経て独立。現在は、地域の中小企業や医療福祉法人の情報発信、コミュニティデザインなどに関わる。

著書：単著として『新復興論』（ゲンロン）、『新地方論』（光文社新書）、『地方を生きる』（ちくまプリマー文庫）。共著として『常磐線中心主義』（河出書房新社）、『ローカルメディアの仕事術』（文芸出版社）など。

鈴木 達治郎（すずき たつじろう）

1951年大阪府大阪市生まれ。1975年東京大学工学部原子力工学科卒。1979年米マサチューセッツ工科大学（MIT）大学院「技術と政策」プログラム修士課程修了。1988年東京大学工学博士。米MITエネルギー環境政策研究センター、(財)電力中央研究所などを経て、2010年1月〜2014年3月に原子力委員会委員長代理。2014年4月より長崎大学核兵器廃絶研究センター教授。

著書：単著として『核兵器と原発』（講談社現代新書）。共編著として『核の脅威にどう対処すべきか：北東アジアの非核化と安全保障』（法律文化社）、『核なき世界への選択―非核兵器地帯の歴史から学ぶ』（RECNA）。

野口 邦和（のぐち くにかず）

1952年千葉県佐原市（現在の香取市）生まれ。1975年東京教育大学理学部卒業、1977年東京教育大学大学院理学研究科修士課程修了、理学博士（日本大学）。専攻は放射化学、放射線防護学、環境放射線学。元日本大学准教授、元福島大学客員教授。元福島県本宮市放射線健康リスク管理アドバイザー（2011 〜 2021年）。現在、原水爆禁止世界大会実行委員会運営委員会共同代表、非核の政府を求める会常任世話人など。

著書：単著として『山と空と放射線』（リベルタ出版）、『放射能事件ファイル』（新日本出版社）、『放射能のはなし』（同）。共著として『放射線被曝の理科・社会』（かもがわ出版）、『しあわせになるための「福島差別」論』（同）、『北朝鮮の核攻撃がよくわかる本』（宝島社）、『福島第一原発事故10年の再検証』（あけび書房）、『気候変動対策と原発・再エネ』（同）など。

濱田 武士（はまだ たけし）

1969年大阪府吹田市生まれ。1993年北海道大学水産学部漁業学科卒業、1999年北海道大学大学院水産学研究科博士後期課程修了、博士（水産学）。専攻は地域経済論、水産政策論。東京海洋大学准教授を経て、現在、北海学園大学経済学部教授（開発研究所長兼任）。

著書：単著として『漁業と震災』（みすず書房）、『日本漁業の真実』（ちくま書房）、『魚と日本人　食と職の経済学』（岩波新書）など。共著として『福島に農林漁業をとり戻す』（みすず書房）、『漁業と国境』（同）など。

半杭 真一（はんぐい しんいち）

1976年福島県相馬郡小高町（現在の南相馬市小高区）生まれ。1999年帯広畜産大学畜産学部畜産管理学科卒業、2001年帯広畜産大学大学院畜産学研究科修士課程修了、博士（国際バイオビジネス学）。福島県庁を経て、現在、東京農業大学国際食料情報学部アグリビジネス学科准教授。専門分野は農産物のマーケティングと消費者行動研究。

著書：単著として『イチゴ新品種のブランド化とマーケティング・リサーチ』（青山社）など。共著として『東日本大震災からの農業復興支援モデル：東京農業大学10年の軌跡』（ぎょうせい）など。

どうする ALPS 処理水？　　科学と社会の両面からの提言

2024年2月11日　第1刷発行

著　者―岩井孝、大森真、児玉一八、小松理虔、
　　　　　鈴木達治郎、野口邦和、濱田武志、半杭真一
発行者― 岡林信一
発行所― あけび書房株式会社
　　　　　〒 167-0054　東京都杉並区松庵 3-39-13-103
　　　　　☎ 03. 5888. 4142　FAX 03. 5888. 4448
　　　　　info@akebishobo.com　https://akebishobo.com

印刷・製本／モリモト印刷
ISBN978-4-87154-254-8　c3036

その時、どのように命を守るか？

原発で重大事故

児玉一八著　能登半島地震で事故が起きた志賀原発の危険性を予測した必読書。原発で重大事故が起こってしまった際にどのようにして命を守るか。放射線を浴びないための方法など、事故後のどんな時期に何に気を付ければいいかを説明し、できる限りリスクを小さくするための行動・判断について紹介する。

2200 円

海の中から地球が見える

武本匡弘著　気候変動の影響による海の壊滅的な姿。海も地球そのものも破壊してしまう戦争。ダイビングキャリア 40 年以上のプロダイバーが、気候危機打開、地球環境と平和が調和する活動への道筋を探る。

1980 円

忍び寄るトンデモの正体

カルト・オカルト

左巻健男、鈴木エイト、藤倉善郎 編　統一教会、江戸しぐさ、オーリング…。カルト、オカルト、ニセ科学についての論説を収録。それらを信じてしまう心理、科学とオカルトとの関係、たくさんあるニセ科学の中で今も蠢いているものの実態を明らかにする。

2200 円

毎日メディアカフェの９年間の挑戦

人をつなぐ、物語りをつむぐ

斗ヶ沢秀俊著　2014 年に設立され、記者報告会、サイエンスカフェ、企業・団体の CSR 活動、東日本大震災被災地支援やマルシェなど1000 件ものイベントを実施してきた毎日メディアカフェ。その９年間の軌跡をまとめる。
【推薦】糸井重里

2200 円

あれから変わったもの、変わらなかったもの

証言と検証　福島事故後の原子力

山崎正勝、舘野淳、鈴木達治郎編　東京電力福島第一原発事故当時の首相・菅直人氏のインタビュー証言はじめ、事故現場と原子力行政の現状、核燃料サイクルや新型炉・放射性廃棄物・戦争といった課題について専門家が検証。

1980 円

間違いだらけの靖国論議

三土明笑著　靖国問題について、メディアに影響された人々が持ち出しがちな定型化した質問をまず取り上げ、Q&A形式で問いに答えながら、本当の論点「政教分離」をあぶり出し、そのうえで体系的に記述する。

1980 円

科学を政治に従わせてはならない

学術会議問題

左深草徹著　科学者を戦争に奉仕させてはならない！　学術会議への政治介入を憲法問題として徹底的に検討。大学の自治と学問の自由が危機にある今、政治介入の問題性を改めて問う。
【推薦】小森田秋夫（東京大学名誉教授）

1760 円

動物たちの収容所群島

井上太一著　檻に囚われた豚の親子、肥り続ける体に苦しむ雛鳥、ひたすら卵を産まされる雌鶏、顧みられてこなかった食卓の舞台裏でいま、何が起こっているのか？　畜産現場からの報告と権力分析をもとに食用の生命商品として翻弄される動物たちの現実に迫る。
【推薦】落合恵子（作家）　安積遊歩 (ピアカウンセラー)

1980 円

3・11から10年とコロナ禍の今、ポスト原発を読む

吉井英勝著　原子核工学の専門家として、大震災による原発事故を予見し追及してきた元衆議院議員が、コロナ禍を経た今こそ再生可能エネルギー普及での国と地域社会再生の重要さを説く。

1760 円

市民パワーでCO2も原発もゼロに

再生可能エネルギー100％時代の到来

和田武著　原発ゼロ、再生可能エネルギー100％は世界の流れ。日本が遅れている原因を解明し、世界各国・日本各地の優れた取り組みを紹介。

1540 円

福島原発事故を踏まえて、日本の未来を考える

脱原発、再生可能エネルギー中心の社会へ

和田武著　世界各国の地球温暖化防止＆脱原発エネルギー政策と実施の現状、そして、日本での実現の道筋を分かりやく記し、脱原発の経済的優位性も明らかにする。

1540 円

憲法9条を護り、地球温暖化を防止するために

環境と平和

和田武著　確実に進行している環境破棄と起きるかもしれない戦争・軍事活動。この二つの問題を不可分かつ総合的に捉える解決策を示す。

1650 円

ひろしま・基町あいおい通り

原爆スラムと呼ばれたまち

石丸紀興、千葉桂司、矢野正和、山下和也著　原爆ドーム北側の相生通り。半世紀前、今からは想像もつかない風景がそこにあった。その詳細な記録。

【推薦】こうの史代

2200 円

CO_2削減と電力安定供給をどう両立させるか？

気候変動対策と原発・再エネ

岩井孝、歌川学、児玉一八、舘野淳、野口邦和、和田武著　ロシアの戦争でより明らかに！　エネルギー自給、原発からの撤退、残された時間がない気候変動対策の解決策。

2200 円

新型コロナからがん、放射線まで

科学リテラシーを磨くための７つの話

一ノ瀬正樹、児玉一八、小波秀雄、高野徹、高橋久仁子、ナカイサヤカ、名取宏著　新型コロナと戦っているのに、逆に新たな危険を振りまくニセ医学・ニセ情報が広がっています。「この薬こそ新型コロナの特効薬」、「〇〇さえ食べればコロナは防げる」などなど。一見してデマとわかるものから、科学っぽい装いをしているものまでさまざまですが、信じてしまうと命まで失いかねません。そうならないためにどうしたらいいのか、本書は分かりやすく解説。

1980 円

子どもたちのために何ができるか

福島の甲状腺検査と過剰診断

高野徹、緑川早苗、大津留晶、菊池誠、児玉一八著　福島第一原子力発電所の事故がもたらした深刻な被害である県民健康調査による甲状腺がんの「過剰診断」。その最新の情報を提供し問題解決を提案。
【推薦】玄侑宗久　　　　　　　　　　　　　　　　　　2200 円

原子力政策を批判し続けた科学者がメスを入れる

福島第一原発事故 10 年の再検証

岩井孝、児玉一八、舘野淳、野口邦和著　福島第一原発事故の発生から、2021 年 3 月で 10 年。チェルノブイリ事故以前から過酷事故と放射線被曝のリスクを問い続けた専門家が、健康被害、避難、廃炉、廃棄物処理など残された課題を解明する
【推薦】安斎育郎、池田香代子、伊東達也、齋藤紀

1980 円